Marie-Louis d'Auteuil

D0880035

POUR RÉUSSIR

CHIMIE 534

Secondaire

L'essentiel de la matière
sous forme de questions et de réponses

TRÉCARRÉ
Une compagnie de Quebecor Media

Mise en pages et typographie : Artur Przybylo
Réalisation des figures et illustrations : Aleksander Przybylo
Conception de la couverture : Claude-Marc Bourget
Réalisation de la couverture : Cyclone Design Communications
Révision pédagogique : Luc Marquis et Sylwester Przybylo

Dépôt légal – Bibliothèque et Archives nationales du Québec
et Bibliothèque et Archives Canada, 1997

Éditions du Trécarré
Groupe Librex inc.
Une division de Quebecor Media
La Tourelle
1055, boul. René-Lévesque Est
Bureau 800
Montréal (Québec) H2L 4S5
Tél. : 514 849-5259
Téléc. : 514 849-1388

ISBN : 978-2-89249-650-5

TABLE DES MATIÈRES

MODULE

I

Recherche

Ce module a pour but de parfaire votre culture et votre formation scientifique par la réalisation d'une recherche vous permettant d'intégrer les contenus de formation acquis et de poursuivre le développement de vos préoccupations environnementales.

Ce module ne fait pas l'objet d'évaluation et ne sera donc pas traité dans ce volume.

MODULE

II

Les gaz et leurs applications

Ce module a pour but de vous faire observer, à l'aide de la méthode scientifique, la matière se présentant sous ses différentes phases afin de vous amener à développer un modèle qui vous aidera à comprendre certains de ses comportements.

Vous devez savoir:
- illustrer des relations existant entre le comportement des gaz, l'environnement et la société à l'aide d'exemples de phénomènes naturels et d'applications technologiques et industrielles qui mettent en cause des gaz;
- utiliser les différentes échelles de températures;
- utiliser vos connaissances sur le comportement des gaz en solutionnant des problèmes et des exercices numériques et graphiques;
- démontrer la relation qui existe entre des volumes égaux de gaz et le nombre de molécules qu'ils contiennent aux mêmes conditions de pression et de température;
- prévoir et expliquer à l'aide de modèles mathématiques le comportement d'un gaz dit idéal soumis à divers facteurs;
- expliquer à l'aide du modèle moléculaire le comportement des gaz et les mouvements des particules dans les différentes phases de la matière.

1 LES GAZ, L'ENVIRONNEMENT ET LA SOCIÉTÉ

L'utilisation des gaz ainsi que le développement de notre compréhension de leur comportement sont étudiées ici en fonction de leurs impacts sur la qualité de vie des humains et sur leur environnement.

Depuis quelques années, trois problèmes environnementaux majeurs reliés à des substances gazeuses occupent l'actualité. Ces trois phénomènes sont de parfaits exemples de l'influence de l'utilisation des gaz sur l'environnement et la société, et le développement de la connaissance du comportement des gaz. Vous devez être en mesure de reconnaître ces trois problèmes environnementaux et de les relier aux substances gazeuses qui les causent.

- **L'augmentation de l'effet de serre et le réchauffement de la planète** reliés principalement à l'accumulation de gaz carbonique (CO_2) atmosphérique

  L'effet de serre est un phénomène physique par lequel des gaz entourant la terre empêchent une partie de la chaleur reçue du Soleil de s'échapper hors de l'atmosphère. L'effet de serre assure une température sur Terre suffisamment élevée pour permettre la vie. Sans l'effet de serre, la température sur Terre serait d'environ –15 °C à –18 °C.

  À cause de l'accumulation dans l'atmosphère de CO_2 et d'autres gaz à effet de serre, on prévoit que d'ici 100 à 150 ans, l'augmentation de l'effet de serre provoquerait une hausse de la moyenne des températures planétaires. Une simple augmentation de 2 °C à 3 °C pourrait produire des effets dramatiques: la modification des régimes de pluies, des vagues de chaleur ou de froid extrêmes, des vents violents et le gonflement des océans provoqué par la fonte des glaces polaires.

Le CO_2 est le principal gaz impliqué mais d'autres gaz dont le méthane (CH_4) et les CFC participent aussi à l'effet de serre.

- **La détérioration de la couche d'ozone** sous l'effet des fluorocarbures (FREON, CFC)

Les fluorocarbures sont des substances gazeuses utilisées depuis plusieurs années dans les réfrigérateurs et les systèmes de climatisation, et comme gaz propulseur dans les cannettes d'aérosol.

Nous savons désormais que lorsque ces gaz se retrouvent dans l'atmosphère, ils produisent des réactions chimiques qui entraînent la détérioration de la couche d'ozone. La couche d'ozone est une enveloppe gazeuse autour de notre planète qui nous protège contre les effets nocifs des rayons UV, en filtrant partiellement la lumière du Soleil. L'intensification du rayonnement UV sur Terre provoqué par la dégradation de la couche d'ozone produit, entre autres, une augmentation de l'incidence de certains cancers chez l'humain.

- **Les pluies acides** causées par les rejets de <u>dioxyde de soufre et d'oxydes d'azote</u> (SO_2 et NO_x)

Le dioxyde de soufre (SO_2) est responsable d'environ 70 % du problème des pluies acides. Les 30 % restant sont causés par les rejets d'oxydes d'azote (NO_x). Au Canada, le dioxyde de soufre provient surtout des cheminées des fonderies, comme l'usine de l'International Nickel (INCO) à Sudbury (Ontario) et des centrales électriques fonctionnant au pétrole. Les oxydes d'azote originent principalement des tuyaux d'échappement des véhicules automobiles.

Dans l'atmosphère, le SO_2 et les NO_x subissent des modifications chimiques qui les transforment en composés acides. Les précipitations acides peuvent ensuite être transportées sur de très grandes distances avant de retomber sur terre et de perturber gravement les écosystèmes naturels.

Exercices

1. (Obj. 1.1) Parmi les énoncés suivants, lesquels décrivent un phénomène qui entraîne à long terme une amélioration de notre qualité de vie?

1. **Une augmentation de CO_2 dans l'air afin de favoriser la photosynthèse.**

2. **L'utilisation des fluorocarbures (Fréon) dans les appareils de climatisation.**

3. **Le remplacement des fluorocarbures (CFC) dans les cannettes d'aérosol.**

4. **L'utilisation de contenants de carton à la place des emballages de styromousse.**

5. **L'utilisation de l'ozone ou du chlore dans le traitement de l'eau potable.**

   A) **1, 2 et 3**   B) **3, 4 et 5**

   C) **1, 3 et 5**   D) **2, 4 et 5**

SOLUTION

Procédez par élimination: trouvez un énoncé qui n'implique pas d'amélioration de notre qualité de vie et éliminez les choix de réponse qui le contiennent.

Les choix de réponses 1 et 2 décrivent des phénomènes qui, à court terme, pourraient sembler bénéfiques pour notre qualité de vie mais qui provoquent avec le temps plus de problèmes que d'avantages.

Une certaine augmentation de la concentration de CO_2 dans l'air améliorerait effectivement les rendements de certaines cultures. Ce faible avantage ne saurait toutefois compenser pour les dommages environnementaux que provoquerait l'augmentation de l'effet de serre causé par l'accumulation de CO_2 atmosphérique.

L'action néfaste des fluorocarbures sur la couche d'ozone a poussé les gouvernements à contrôler sévèrement le commerce et l'utilisation de ces gaz. Encore ici, les avantages à court terme provenant de l'utilisation du FRÉON et des fluorocarbures sont bien minimes comparés aux sérieux problèmes que ces gaz peuvent causer.

RÉPONSE

B)

2. (Obj. 1.2) Parmi les affirmations suivantes concernant l'ozone ($O_{3(g)}$), laquelle est fausse?

A) L'accumulation d'ozone dans l'atmosphère est responsable de l'effet de serre et du réchauffement de la planète.

B) L'ozone est un gaz polluant pouvant causer des problèmes respiratoires.

C) L'ozone peut être utilisé afin de purifier l'eau dans des usines d'épuration.

D) L'ozone entourant la Terre nous protège des effets nocifs des rayons ultraviolets en provenance du Soleil.

SOLUTION

L'impact de l'ozone sur l'environnement peut paraître contradictoire. Si, en haute atmosphère, la couche d'ozone nous protège des rayons UV du Soleil, l'ozone au niveau du sol est un polluant dommageable pour notre système respiratoire. Ce gaz toxique peut toutefois être utilisé à profit dans les usines d'épuration d'eau potable comme celle de Montréal. L'ozone permet de faire disparaître les odeurs nauséabondes des eaux usées, en plus d'éliminer certains micro-organismes indésirables. Les affirmations B, C et D sont donc vraies.

L'affirmation A ne s'applique pas à l'ozone mais plutôt au CO_2 ou au méthane qui sont responsables de l'effet de serre.

RÉPONSE

A)

3. (Obj. 1.2) Selon le groupement écologiste «Le Monde à bicyclette», au Québec, 80 % des rejets de CO_2 responsables de l'augmentation de l'effet de serre proviendrait de la combustion de pétrole. L'utilisation de l'automobile serait à elle seule responsable de 15 % de ces rejets.

À partir de ces données, proposez deux actions qui contribueraient à lutter contre l'augmentation de l'effet de serre.

SOLUTION

La consommation de pétrole et l'utilisation de l'automobile sont présentées comme étant les principales causes de l'augmentation de l'effet de serre; les meilleurs réponses suggéreront des moyens de réduire notre dépendance face au pétrole et à l'automobile. Les moyens proposés ne doivent pas provoquer eux-mêmes d'autres problèmes environnementaux à long terme.

RÉPONSE

Plusieurs réponses sont envisageables et la liste qui suit n'est évidemment pas complète.

- la marche et le vélo (plus de 80 % du temps passé en automobile est consacré à la circulation entre la maison, le travail et le supermarché)
- favoriser l'utilisation du transport en commun par des réductions des prix et l'amélioration du service (soit exactement le contraire de la situation actuelle)
- électrifier le réseau ferroviaire
- favoriser le transport des marchandises par rail plutôt que par la route
- augmenter les taxes sur le prix du pétrole afin de rendre possibles certaines alternatives déjà existantes mais délaissées à cause de leurs coûts plus élevés que celui des hydrocarbures
- utiliser l'hydroélectricité à la place du pétrole dans les industries et les systèmes de chauffage
- utiliser des biocarburants (voir à ce sujet la remarque suivante)
- lutter contre la déforestation (les végétaux forestiers consomment des quantités faramineuses de CO_2 durant le jour.)
- etc.

REMARQUE Rendre les autos moins polluantes, ou plus performantes sur le plan de la consommation d'essence, utiliser des moteurs électriques ou des biocarburants sont des propositions qui permettent effectivement de réduire à court terme l'émission de CO_2. Cependant, ces mesures correctrices ne règlent pas notre dépendance face au pétrole et à l'automobile et entraînent elles-mêmes des problèmes environnementaux: les métaux lourds contenus dans les piles électriques usagées sont une source de pollution importante; les végétaux utilisés dans la fabrication de biocarburants proviennent de productions agricoles à haut rendement responsables de l'appauvrissement des terres agricoles et de la pollution des sols et des eaux par l'utilisation excessive d'engrais et de pesticides.

4. (Obj. 1.2) Quel gaz rejeté par certaines industries est responsable de la formation des pluies acides?

A) le dioxyde de soufre (SO_2)

B) le dioxyde de carbone (CO_2)

C) les fluorocarbures (CFC)

D) le radon (Rn)

E) le monoxyde de carbone (CO)

SOLUTION

Les rejets de dioxyde de soufre (SO_2) sont la principale cause des précipitations acides. Le $SO_{2(g)}$ est transformé chimiquement dans l'atmosphère et retombe sur Terre sous forme d'acide sulfurique.

Le radon et le monoxyde de carbone sont deux substances dommageables pour la santé humaine mais qui ne jouent aucun rôle dans la formation des pluies acides tout comme le dioxyde de carbone et les CFC.

RÉPONSE

A)

Note: L'usine de l'International Nickel en Ontario (INCO) a depuis longtemps été pointée du doigt comme étant la principale source de $SO_{2(g)}$ au Canada. Récemment, l'INCO s'est engagé dans un programme de réduction draconienne de ses émissions de $SO_{2(g)}$. Les gaz récupérés sont transformés en acide sulfurique ($H_2SO_{4(l)}$) et revendus. L'INCO devient ainsi un important producteur d'acide sulfurique tout en favorisant l'amélioration de la qualité de notre environnement. Il s'agit là d'un très bon exemple de l'influence de l'opinion publique sur le développement de la connaissance des gaz et de ses applications.

2

LE COMPORTEMENT DES GAZ

LES LOIS DES GAZ

Trois facteurs influencent le volume occupé par un gaz: la température, la pression et la quantité de gaz. Les lois des gaz découlent de l'observation du comportement des gaz réels en relation avec la variation de ces trois paramètres.

- **La loi de Boyle-Mariotte:** à température constante, le volume (V) d'un gaz est <u>inversement proportionel</u> à la pression (p) exercée par ce gaz.

$$V \propto \frac{1}{p} \Rightarrow V_1\, p_1 = V_2\, p_2$$

- **La première loi de Charles-Gay-Lussac:** à pression constante, le volume (V) d'un gaz est <u>directement proportionnel</u> à sa température (T).

$$V \propto T \Rightarrow \frac{V_1}{T_1} = \frac{V_2}{T_2}$$

- **La seconde loi de Charles-Gay-Lussac:** pour un volume constant, la pression (p) exercée par un gaz est <u>directement proportionnelle</u> à sa température (T).

$$p \propto T \Rightarrow \frac{p_1}{T_1} = \frac{p_2}{T_2}$$

- **Relation entre quantité et volume:** à pression et température constantes, le volume (V) d'un gaz est <u>directement proportionnel</u> au nombre de moles (n) de ce gaz.

$$V \propto n \Rightarrow \frac{V_1}{n_1} = \frac{V_2}{n_2}$$

- **Relation entre la pression et le nombre de moles:** lorsque la température et le volume sont constants, la pression exercée par un gaz est directement proportionnelle au nombre de moles (n) de ce gaz.

$$p \propto n \Rightarrow \frac{p_1}{n_1} = \frac{p_2}{n_2}$$

Important! Selon la théorie cinétique des gaz:

- la pression exercée par un gaz est le résultat du choc des particules sur les parois du récipient qui le contient;

- la température d'un gaz est directement proportionnelle à l'énergie cinétique moyenne des particules gazeuses qui le composent.

Exercices

5. (Obj. 2.1) Un ballon gonflé d'air est placé sous une cloche de verre étanche tel que représenté par le schéma ci-dessous.

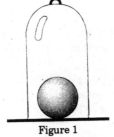

Figure 1

Qu'adviendra-t-il du volume du ballon si on retire une partie du gaz contenu dans la cloche de verre?

Justifiez votre réponse.

SOLUTION

La température et la quantité de gaz à l'intérieur du ballon sont constantes. Le volume du ballon dépend de l'équilibre entre la pression des gaz à l'intérieur du ballon et la pression exercée par les gaz contenus dans la cloche de verre. En diminuant le nombre de particules de gaz sous la cloche, on réduit la pression exercée sur le ballon et on modifie l'équilibre qui existait.

RÉPONSE

La pression de gaz à l'intérieur du ballon demeurant inchangée, la diminution de la pression externe provoquera une augmentation du volume du ballon.

6. (Obj. 2.1) On utilise un ballon-sonde hermétiquement fermé pour prendre certaines mesures météorologiques. En s'élevant dans l'atmosphère, le volume du ballon varie.

Identifiez parmi les facteurs suivants, ceux qui influencent ce changement de volume.

1. **Température**
2. **Quantité de gaz (à l'intérieur du ballon)**
3. **Pression**
4. **Nature du gaz**

    A) 1 et 2   B) 3 et 4

    C) 1 et 3   D) 2 et 4

SOLUTION

La pression atmosphérique et la température diminuent en altitude. Ce sont ces deux facteurs qui font varier le volume du ballon.

Le ballon météorologique étant hermétiquement fermé, la quantité de gaz qu'il contient demeure constante et ne peut pas affecter son volume. La nature du gaz n'a jamais d'influence sur le volume qu'il occupe.

RÉPONSE

C)

7. (Obj. 2.1, 2.2) La solution du problème précédent nous informe que la nature d'un gaz n'a pas d'influence sur son volume.

Qu'en est-il des autres facteurs?

La nature d'un gaz a-t-elle une influence sur:

A) la pression exercée par ce gaz

B) la température de ce gaz

SOLUTION

Si vous hésitez à répondre à cette question, revoyez les définitions de la pression et de la température. Rappelez-vous comment sont expliqués ces phénomènes selon la théorie cinétique des gaz.

A) La pression est le résultat des collisions des molécules gazeuses sur les parois d'un récipient. La pression dépend de l'énergie cinétique des particules gazeuses et non de la nature de la substance gazeuse.

B) La température d'un gaz est une mesure de l'énergie cinétique moyenne des molécules de ce gaz. Des gaz différents ayant des masses différentes peuvent avoir la même énergie cinétique ($E_c = \frac{1}{2}mv^2$).

RÉPONSE

A) La nature d'un gaz n'a aucune influence sur la pression qu'il exerce.

B) La nature d'un gaz n'a aucune influence sur sa température.

Note: Occupé ou rempli?

On dit d'un gaz qu'il «occupe» un certain volume tandis qu'un solide ou un liquide «remplit» ce même volume. L'utilisation particulière de ces termes provient de la différence importante dans l'organisation dans l'espace des gaz, des solides et des liquides.

Dans un solide et dans un liquide, l'espace entre les particules est minimal. Pour cette raison, les solides et les liquides sont considérés incompressibles et leur volume constant (à température constante). Le volume d'un gaz est toujours délimité par les parois d'un récipient à l'intérieur duquel les particules gazeuses sont continuellement en mouve-

Figure 2

ment. Un gaz occupe ce volume de la même façon qu'une hélice d'avion occupe une région de l'espace délimitée par l'extrémité de ses pales. Quiconque s'aventurerait dans cette région se rendrait compte de ce que le terme occupé implique.

8. (Obj. 2.1, 2.2) Deux récipients de volumes égaux sont reliés par un conduit fermé par une valve étanche. Le récipient A contient un gaz à une pression de 50 mm de Hg supérieure à celle de l'air ambiant. Le récipient B est totalement vide.

Quelle sera la pression totale du système si on ouvre la valve séparant les deux compartiments?

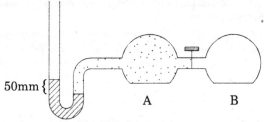

Figure 3

A) 35 mm de Hg   B) 60 mm de Hg

C) 25 mm de Hg   D) 80 mm de Hg

E) 10 mm de Hg

SOLUTION

Selon la loi de Boyle-Mariotte, la pression varie de façon inversement proportionnelle avec le volume. La pression exercée par un gaz provient du choc des particules gazeuses sur les parois du récipient. En augmentant le volume d'un gaz, on réduit le nombre de collisions par unité de surface et la pression diminue proportionnellement.

En réunissant les deux réservoirs de volumes identiques, on double le volume total occupé par le gaz. La pression exercée par le gaz varie inversement et diminue donc de moitié. Sans connaître la valeur exacte du volume, on peut affirmer que la pression finale sera de 25 mm de Hg.

RÉPONSE

C)

Note historique: La loi de Charles a été nommée ainsi afin d'honorer les premiers travaux faits en 1787 par un scientifique français, Jacques Charles, sur la relation entre la température et le volume des gaz. La loi de Charles est aussi nommée «loi de Charles-Gay-Lussac» ou «loi de Gay-Lussac» afin de souligner l'importance des travaux d'un autre Français, Joseph Gay-Lussac, ayant obtenu des résultats semblables à ceux de Charles vers 1802.

La loi démontrant qu'il existe une relation inversement proportionnelle entre le volume et la pression est appelée «loi de Boyle» ou «loi de Boyle-Mariotte» afin de souligner les travaux effectués à la même époque par ces deux scientifiques. Robert Boyle fit ses recherches sur le comportement des gaz en Angleterre vers 1661, tandis que Edmé Mariotte travailla sur le même sujet en France, aux alentours de 1676.

9. (Obj. 2.1, 2.2) Une certaine quantité de $CO_{2(g)}$ occupe un volume de 200 L à une pression de 101 kPa. On désire comprimer ce gaz dans un cylindre de 8,00 L. Quelle pression doivent supporter les parois de ce cylindre?

Conseil: En appliquant la méthode de résolution de problèmes suivante, vous aurez plus de facilité à arriver directement à la réponse.

1. Trouvez les données significatives du problème et inscrivez-les clairement avec leurs unités.
2. Choisissez une équation contenant ces paramètres.
3. Remplacez les variables de l'équation par les données du problème.
4. Résolvez l'équation en isolant la variable que vous recherchez.
5. Indiquez la réponse avec les unités de mesure appropriées.

SOLUTION

$p_1 = 101$ kPa $\qquad p_2 = ?$
$V_1 = 200$ L $\qquad V_2 = 8,00$ L

La loi de Boyle-Mariotte nous permet de trouver la pression exercée par le CO_2 lorsque son volume est réduit à 8,00 L.

$$V \propto \frac{1}{p} \Rightarrow V_1 p_1 = V_2 p_2$$

$$101 \text{ kPa} \times 200 \text{ L} = p_2 \times 8,00 \text{ L}$$

$$p_2 = \frac{101 \text{ kPa} \times 200 \text{ L}}{8,00 \text{ L}} = 2,53 \times 10^3 \text{ kPa}$$

RÉPONSE

$2,53 \times 10^3$ kPa

 REMARQUE Il n'est pas nécessaire de mémoriser chacune des équations représentant les lois des gaz. Il suffit de se rappeler l'équation globale obtenue en les combinant et d'éliminer les variables qui demeurent constantes dans un problème.

$$\frac{p_1 V_1}{n_1 T_1} = \frac{p_2 V_2}{n_2 T_2}$$

Vous devez également toujours être en mesure d'isoler algébriquement le symbole que vous recherchez dans la formule globale.

---

10. (Obj. 2.2, 2.5) Un ballon contient une certaine quantité d'hélium (He) à une pression de 450 kPa. Quelle sera la pression si on laisse échapper le tiers de l'air contenu dans le ballon?

SOLUTION

$p_1 = 450$ kPa $\qquad\qquad p_2 = ?$

$n_1 = x$ mol $\qquad\qquad n_2 = \left(x - \dfrac{x}{3}\right)$ mol $= \dfrac{2x}{3}$ mol

V et t sont constants

La pression exercée par un gaz est directement proportionnelle au nombre de moles de ce gaz.

$$p \propto n \Rightarrow \frac{p_1}{n_1} = \frac{p_2}{n_2}$$

$$\frac{450\,\text{kPa}}{x\,\text{mol}} = \frac{p_2}{\dfrac{2x}{3}\,\text{mol}}$$

$$p_2 = \frac{(450\,\text{kPa}) \times \left(\dfrac{2x}{3}\,\text{mol}\right)}{x\,\text{mol}}$$

Après simplification, on obtient $p_2 = 300$ kPa

RÉPONSE

300 kPa

 REMARQUE

Le problème précédent peut être solutionné de façon formelle comme nous venons de le faire, ou de façon plus intuitive. La pression étant directement proportionnelle au nombre de moles de gaz, une réduction du tiers du nombre de particules gazeuses entraînera une diminution semblable de la pression, soit du tiers. Le tiers de 450 est 150. 450 – 150 égale 300 kPa.

 REMARQUE

Chaque loi des gaz peut être représentée par un graphique. Pour les reconnaître, vous devez savoir à quoi ressemble graphiquement une relation directement proportionnelle ou inversement proportionnelle.

Une relation directement proportionnelle entre deux variables telles la pression et la température en kelvins est une fonction linéaire. Le graphique correspondant est une droite de pente positive, centrée à l'origine (fig. 4a).

Une relation inversement proportionnelle, comme celle reliant la pression au volume, produit un graphique de la forme d'une hyperbole decroissante (fig. 4b).

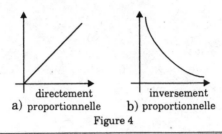

Figure 4

11. (Obj. 2.2) Observez les graphiques ci-dessous.

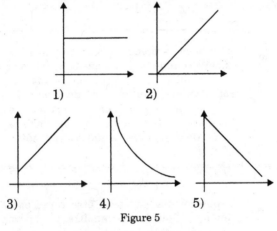

Figure 5

Quel graphique correspond le mieux à:

A) la variation du volume en fonction de la température en kelvins?

B) la variation de la pression en fonction du volume?

C) la variation de la pression en fonction du nombre de moles?

SOLUTION

Questionnez-vous premièrement sur le type de proportionnalité qui existe entre les variables: directement ou inversement proportionnelle? Ensuite, si vous ne vous souvenez pas de la forme générale du graphique correspondant, vous pouvez suivre sur les graphiques la progression d'une variable par rapport à l'autre et vérifier si cela correspond à la relation entre ces deux variables.

A) La relation entre le volume d'un gaz et sa température en kelvins est un exemple de proportionnalité directe. Le graphique résultant est une droite croissante passant par l'origine représentée par la figure 5.2.

B) La variation de la pression exercée par un gaz est inversement proportionnelle au volume occupé par ce gaz. Le graphique obtenu est une hyperbole comme celle de la figure 5.4.

C) La pression varie proportionnellement au nombre de moles de gaz. Le graphique correspondant à cette relation est une droite de pente positive centrée à l'origine.

RÉPONSE

A) le graphique 2

B) le graphique 4

C) le graphique 2

 REMARQUE Le graphique d'une relation inversement proportionnelle, comme celle entre p et V, donne une courbe decroissante. La relation entre p et V peut aussi être exprimée autrement. Le graphe de la pression exercée en fonction de l'<u>inverse</u> du volume d'un gaz donne une droite de pente positive passant par l'origine.

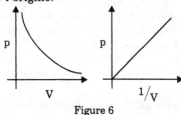

Figure 6

12. (Obj. 2.3) L'échelle Celsius de température est basée sur les points de fusion et d'ébullition de l'eau (0 °C et 100 °C à 1 atm de pression). Combien de degrés kelvins séparent ces deux températures?

SOLUTION

L'échelle de température en kelvins est basée sur la gradation de l'échelle Celsius qui a été seulement décalée afin de faire correspondre le 0 à la plus basse température possible. Cette température, le zéro absolu, équivaut à –273,15 °C. Une variation d'un degré Celsius équivaut à une variation d'un kelvin.

Note: En comparaison, chaque variation d'un degré Celsius équivaut à une variation de 1,8 degré Fahrenheit.

RÉPONSE

100 kelvins

Les températures en degrés Celcius (°C) doivent toujours être transformées en kelvins (K) avant d'être utilisées dans les calculs des lois des gaz.

$$K = °C + 273$$

L'échelle kelvin est basée sur le zéro absolu qui est la plus basse température théoriquement possible. L'échelle de température kelvin ne contient donc que des nombres positifs. En transformant les degrés Celsius en kelvins, on s'assure que des divisions par 0 n'empêcheront pas nos calculs.

Dans les exercices suivants, le «t» minuscule symbolise une température exprimée en degrés Celsius (°C). Le «T» majuscule est utilisé seulement pour désigner des températures absolues exprimées en kelvins. Le symbole correspondant au kelvin est le «K» majuscule sans le signe «°» représentant les degrés.

13. (Obj. 2.3) Quelle différence importante existe-t-il entre un graphique exprimant la relation entre le volume d'un gaz et sa température en <u>degrés Celsius</u> et un autre graphique représentant la même relation mais utilisant des températures en <u>kelvins</u>?

SOLUTION

La relation entre le volume d'un gaz et sa température en degrés **Celsius** est une fonction affine de la forme $y = mx + b$ (fig. 7a). La variable dépendante «y» correspondant au volume varie de façon croissante avec croissance de la variable indépendante «x» qui représente la température en degrés Celsius.

La relation entre le volume d'un gaz et sa température en **kelvins** est une fonction linéaire de la forme $y = mx$ (fig. 7b). La variable dépendante «y» correspondant au volume varie de façon directement proportionnelle avec la variable indépendante «x» qui représente la température en kelvins.

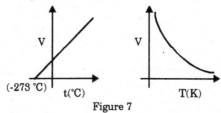

Figure 7

RÉPONSE

Dans un graphique représentant la variation du volume d'un gaz en fonction de sa température en kelvins, la droite part de l'origine (0,0). Dans le graphique du volume d'un gaz en fonction de sa température en degrés <u>Celsius</u>, la droite coupe l'axe des «y» et ne passe pas par l'origine.

REMARQUE Le graphique représentant la variation du volume d'un gaz en fonction de la température de ce gaz en degrés Celsius nous donne une droite de pente positive. Par extrapolation, c'est-à-dire en continuant la droite vers la gauche jusqu'à l'axe des x, on obtient la température correspondant théoriquement à un volume de 0. Cette température est appelée zéro absolu et équivaut à –273 ºC.

---

14. (Obj. 2.5) Que deviendra la température (T), si on double la pression (p) ainsi que le volume (V) et que l'on multiplie par quatre le nombre de moles (n) de ce gaz?

Conseil: Les exercices où les valeurs numériques des variables ne sont pas fournies nous causent souvent bien des maux de tête. Pourtant, la démarche à suivre demeure à peu de chose près la même. Avant de commencer à résoudre un problème de ce genre, prenez le temps de bien retranscrire les données fournies dans l'exercice. Le problème se résout ensuite en utilisant la même méthode que s'il s'agissait d'un exercice comprenant des valeurs numériques.

SOLUTION

$p_2 = 2 p_1$

$V_2 = 2 V_1$

$n_2 = 4 n_1$

$T_2 = ?$

$$\frac{p_1 V_1}{n_1 T_1} = \frac{p_2 V_2}{n_2 T_2} \Rightarrow T_2 = \frac{n_1 T_1 p_2 V_2}{n_2 p_1 V_1}$$

$$T_2 = \frac{n_1 T_1 p_2 V_2}{n_2 p_1 V_1} = \frac{n_1 T_1 (2p_1)(2V_1)}{(4n)_1 p_1 V_1}$$

$$T_2 = \frac{(4 n_1 p_1 V_1) T_1}{(4 n_1 p_1 V_1)} = T_1$$

RÉPONSE

La température demeure constante, $T_2 = T_1$.

15. (Obj. 2.5) Un réservoir métallique contient 8,00 moles de gaz à TPN. En augmentant la température de 20,0 °C, quelle quantité de gaz doit-on ajouter afin de tripler la pression initiale?

A) 8,00 moles   B) 20,2 moles

C) 0 mole   D) 14,4 moles

E) 3,20 moles

SOLUTION

$p_1 = 101$ kPa $p_2 = 3p_1 = 303$ kPa

$T_1 = (0 + 273)K = 273$ K $T_2 = (20 + 273)K = 293$ K

$n_1 = 8,00$ moles $\qquad\qquad n_2 = ?$

$V_2 = V_1$

Le volume est constant et n'est pas nécessaire aux calculs. L'équation générale devient:

$$\frac{p_1}{n_1\,T_1} = \frac{p_2}{n_2\,T_2}$$

$$\frac{101\,\text{kPa}}{8,00\,\text{moles}\cdot 273\,\text{K}} = \frac{303\,\text{kPa}}{n_2\cdot 293\,\text{K}}$$

$$n_2 = \frac{303\,\text{kPa}\cdot 8,00\,\text{moles}\cdot 273\,\text{K}}{101\,\text{kPa}\cdot 293\,\text{K}}$$

$n_2 = 22,4$ moles

Le nombre de moles finales moins le nombre de moles initiales nous donne le nombre de moles à ajouter.

$n_2 - n_1 = 22,4$ moles - $8,00$ moles = $14,4$ moles

RÉPONSE

14,4 moles

16. (Obj. 2.5) Sur la plage, un plongeur vérifiant son équipement avant une plongée constate que le manomètre de sa bonbonne indique une pression de 2300 kPa. La température est alors de 28,0 °C. En ne tenant pas compte de l'air consommé par le plongeur au cours de sa descente, trouvez quelle pression indiquera le manomètre à une profondeur de 20,0 m où la température n'est plus que de 4,0 °C.

SOLUTION

$p_1 = 2300$ kPa $\qquad\qquad p_2 = ?$

$T_1 = 301$ K $\qquad\qquad T_2 = 277$ K

$n_1 = n_2 \qquad$ et $\quad V_1 = V_2$

D'après la deuxième loi de Charles-Gay-Lussac, la pression d'un gaz est directement proportionnelle à sa température.

$$p \propto T \Rightarrow \frac{p_1}{T_1} = \frac{p_2}{T_2}$$

$$\frac{2300\,\text{kPa}}{301\,\text{K}} = \frac{p_2}{277\,\text{K}}$$

$$p_2 = \frac{2300\,\text{kPa} \cdot 277\,\text{K}}{301\,\text{K}} = 2117\,\text{kPa}$$

RÉPONSE

2117 kPa

17. (Obj. 2.5) À 272 K, un gaz occupe un volume de 8,4 L. En conservant la pression constante, à quelle température le gaz occupera-t-il le quart du volume initial?

A) 128 K   B) 0 K

C) 312 K   D) 68 K

E) 220 K

SOLUTION

La température étant directement proportionnelle au volume, le gaz occupera le quart du volume initial lorsque sa température équivaudra au quart de sa température initiale, soit 68 K.

Ce problème peut aussi être résolu en appliquant la relation mathématique:

$$\frac{V_1}{T_1} = \frac{V_2}{T_2}$$

RÉPONSE

D)

18. (Obj. 2.5) Un gaz est introduit dans un cylindre à une température de 25 °C jusqu'à ce que la pression soit de 200 kPa.

On chauffe ensuite le cylindre et la température s'élève graduellement. À 144 °C, la pression exercée par le gaz fait éclater les parois du récipient. Quel était la pression maximale que pouvait supporter le cylindre?

SOLUTION

$p_1 = 200$ kPa $p_2 = ?$

$T_1 = (25 + 273)K = 298$ K $T_2 = (144 + 273)K = 417$ K

$n_1 = n_2$ $V_1 = V_2$

$$\frac{p_1}{T_1} = \frac{p_2}{T_2}$$

$$\frac{200 \, kPa}{298 \, K} = \frac{p_2}{417 \, K}$$

$$p_2 = \frac{200 \, kPa \cdot 417 \, K}{298 \, K} = 280 \, kPa$$

RÉPONSE

280 kPa

19. (Obj. 2.5) Un réservoir de 4,0 L fermé par un piston mobile contient un gaz à 300 K et à une pression de 200 kPa. Quel sera le nouveau volume si on triple la pression et que l'on augmente la température à 360 K?

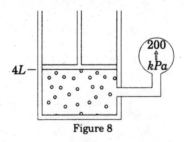

Figure 8

SOLUTION

$p_1 = 200$ kPa $p_2 = 3p_1 = 600$ kPa

$V_1 = 4,0$ L $V_2 = ?$

$T_1 = 300$ K $T_2 = 360$ K

$n_1 = n_2$

$$\frac{p_1 V_1}{T_1} = \frac{p_2 V_2}{T_2}$$

$$\frac{200\,\text{kPa} \cdot 4{,}0\,\text{L}}{300\,\text{K}} = \frac{600\,\text{kPa} \cdot V_2}{360\,\text{K}}$$

$$V_2 = \frac{200\,\text{kPa} \cdot 4{,}0\,\text{L} \cdot 360\,\text{K}}{600\,\text{kPa} \cdot 300\,\text{K}} = 1{,}6\,\text{L}$$

RÉPONSE

1,6 L

L'HYPOTHÈSE D'AVOGADRO

, **Hypothèse ou loi d'Avogadro:** «Des volumes égaux de gaz aux mêmes conditions de température et de pression contiennent le même nombre de molécules.» Cette loi porte encore le nom d'hypothèse d'Avogadro, bien qu'elle ait été démontrée de différentes façons depuis 1811, l'année où elle fut énoncée.

• **Mole (mol):** Ce terme désigne une quantité de matière contenant le nombre d'Avogadro de particules. Une mole de n'importe quelle substance contient toujours ce nombre de particules.

• **Nombre ou constante d'Avogadro (N):** C'est le nombre de molécules ou d'atomes contenus dans une mole d'une substance. Ce nombre a été déterminé pour la première fois en 1865 et est égal à $6,02 \cdot 10^{23}$. Historiquement, ce nombre correspond à la quantité d'atomes contenus dans 12 g de carbone mais c'est aussi le nombre de molécules contenues dans 32 g d'oxygène(O_2), 55,8 g de fer (Fe), etc.

• **Masse molaire (M):** C'est la masse d'une mole d'une substance. Cette valeur est caractéristique à chaque substance.

• **Volume molaire (Vm):** C'est le volume occupé par une mole de gaz. Aux conditions normales de pression et de température (TPN, 0 °C et 101 kPa), le volume d'<u>une mole</u> de n'importe quel gaz est constant et équivaut à 22,4 L. Ceci provient du fait qu'à des conditions fixes de pression et de température, une même quantité (en moles) de n'importe quel gaz occupe toujours le même volume.

Exercices

20. (Obj. 2.4) Combien de particules d'un certain gaz sont présentes dans un volume correspondant à deux fois son volume molaire à une température de 220 K et à 206,6 kPa de pression?

SOLUTION

Le <u>volume molaire d'un gaz est le volume occupé par une mole de ce gaz</u> et ce, à n'importe quelles conditions de température et de pression. Les données relatives à la pression et à la température n'ont donc aucune importance dans la résolution de ce problème. Deux fois le volume molaire d'un gaz correspond au volume contenant deux moles de ce gaz, soit deux fois le nombre d'Avogadro de particules.

RÉPONSE

$2 \cdot 6,02 \cdot 10^{23}$ particules = $1,204 \cdot 10^{24}$ particules

21. (Obj. 2.4) Quel volume est occupé par 8,4 g de $N_{2(g)}$ à 0 °C et 101 kPa?

101 kPa et 0 °C correspondent aux conditions normales de pression et de température (TPN). Reconnaître ces paramètres dans un problème vous fournit une donnée supplémentaire puisque le volume molaire d'un gaz à TPN est toujours de 22,4 L.

SOLUTION

m = 8,4 g

T = 273 K

p = 101 kPa

On trouve premièrement le nombre de moles contenues dans 8,4 g de N_2.

$$n = \frac{\text{masse de } N_2}{\text{masse molaire de } N_2} = \frac{m}{M} = \frac{8,4\,g}{28,0\,g} = 0,3\,\text{moles}$$

À l'aide de la loi des proportions (ou règle de trois), on détermine à quel volume correspond 0,3 moles de N_2 aux conditions normales de pression et de température.

À TPN, 1,0 mole   ⇔ 22,4 L

        0,3 moles   ⇔ x

$$x = \frac{22,4\,L \cdot 0,3\,\text{moles}}{1,0\,\text{mole}} = 6,7\,L$$

RÉPONSE

6,7 L

22. (Obj. 2.4) Quel volume occupent $4,54 \cdot 10^{24}$ molécules de $CO_{2(g)}$ à TPN?

SOLUTION

À TPN, une mole de gaz, soit $6,02 \cdot 10^{23}$ molécules, occupe un volume de 22,4 L.

$6,02 \cdot 10^{23}$ molécules ⇔ 22,4 L

$4,54 \cdot 10^{24}$ molécules ⇔ x

$$x = \frac{4,54 \cdot 10^{24} \text{ molécules} \cdot 22,4\,L}{6,02 \cdot 10^{23} \text{ molecules}} = 169\,L$$

RÉPONSE

169 L

23. (Obj. 2.4) Aux conditions normales de pression et de température (TPN), quelle est la masse de 2,0 L de méthane gazeux, $CH_4(g)$?

SOLUTION

À TPN, 1 mole de gaz occupe un volume de 22,4 L.

1 mole de CH_4 = 16 g

    16 g   ⇔ 22,4 L

$$\text{x} \quad \Leftrightarrow 2{,}0 \text{ L}$$

$$x = \frac{2{,}0 \text{ L} \cdot 16 \text{ g}}{22{,}4 \text{ L}} = 1{,}4 \text{ g}$$

RÉPONSE

1,4 g

24. (Obj. 2.1, 2.4) Une seringue fermée contient 4,00 g de xénon (Xe) dans un volume de 50,0 mL. À quel volume doit-on ajuster la seringue pour que la pression demeure constante suite à l'ajout de 1,31 g de Xe?

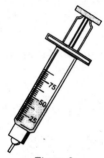

Figure 9

SOLUTION

V_1 = 50,0 mL $\qquad\qquad$ V_2 = ?

m_1 = 4,00 g $\qquad\qquad$ $m_2 = m_1$ + 1,31 g = 5,31 g

À pression constante, le volume occupé par un gaz varie selon le nombre de particules frappant les parois du récipient. Le volume est directement proportionnel au <u>nombre de moles</u> de gaz.

$$V \propto n \Rightarrow \frac{V_1}{n_1} = \frac{V_2}{n_2}$$

Le nombre de moles de xénon est égal à sa masse (m) divisée par sa masse molaire (M).

$$n_1 = \frac{m_1}{M_{Xe}} \quad \text{et} \quad n_2 = \frac{m_2}{M_{Xe}} \quad \Rightarrow \quad \frac{V_1}{\dfrac{m_1}{M_{Xe}}} = \frac{V_2}{\dfrac{m_2}{M_{Xe}}}$$

En simplifiant, on obtient

$$\frac{V_1}{m_1} = \frac{V_2}{m_2}$$

Cette équation nous permet de trouver le nouveau volume sans calculer les nombres de moles initiales et finales (n_1 et n_2).

$$\frac{50,0\,\text{mL}}{4,00\,\text{g}} = \frac{V_2}{5,31\,\text{g}}$$

$$V_2 = \frac{50,0\,\text{mL} \cdot 5,31\,\text{g}}{4,00\,\text{g}} = 66,4\,\text{mL}$$

RÉPONSE

66,4 mL

25. (Obj. 2.4) Choisissez parmi les termes suivants ceux qui complètent correctement l'énoncé de l'hypothèse d'Avogadro.

«Différents, atomes, molécules, égaux, denses, température, ouverts, volume, gaz, nombre, pression, partiels, importants.»

«Des volumes _____ de gaz aux mêmes conditions de _____ et de pression contiennent le même _____ de _____.»

SOLUTION

L'hypothèse d'Avogadro se lit comme suit: «Des volumes égaux de gaz aux mêmes conditions de température et de pression contiennent le même nombre de molécules.»

RÉPONSE

égaux, température, nombre, molécules

26. (Obj. 2.4) Une sphère métallique de 10 L contient 30 g de fluor, $F_{2(g)}$. Aux mêmes conditions de pression et de température, un volume identique d'un autre gaz...

A) contiendra le même nombre de molécules

B) contiendra le même nombre d'atomes

C) possèdera la même masse

D) aura la même masse volumique

E) contiendra un nombre de particules égal au nombre d'Avogadro

SOLUTION

Selon Avogadro, des volumes identiques contenant des gaz aux mêmes conditions de pression et de température contiennent le même nombre de <u>particules gazeuses</u>. Nous savons que ces particules sont en fait, pour tous les gaz à l'exception des gaz rares, des molécules formées d'au moins deux atomes (O_2, Cl_2, N_2, etc.) comme c'est le cas pour le fluor diatomique.

Puisque nous ne connaissons pas la nature du deuxième gaz du problème, nous ne pouvons pas affirmer que ces deux volumes de gaz contiendront le même nombre d'atomes. Les molécules composant le second gaz peuvent contenir plus de deux atomes, comme le CH_4, ou un seul comme les gaz rares (He, Ne, Ar, Kr, Xe et Rn).

À une pression et une température données, la masse et la masse volumique de deux gaz différents dépendent de leur masse molaire.

RÉPONSE

A)

27. (Obj. 2.7) Cinq bonbonnes identiques contiennent chacune un gaz différent aux mêmes conditions de pression et de température.

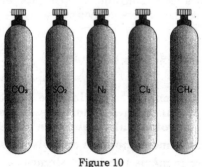

Figure 10

Laquelle de ces bonbonnes possède la masse la plus élevée?

SOLUTION

Des volumes égaux de gaz aux mêmes conditions de pression et de température contiennent le même nombre de particules mais n'ont pas nécessairement la même masse. La masse d'un certain volume de gaz à une pression donnée dépend de la masse molaire de ce gaz.

La bonbonne la plus lourde est celle contenant le gaz ayant la masse molaire la plus élevée.

GAZ	MASSE MOLAIRE
CO_2	44,0 g/mol
SO_2	64,1 g/mol
N_2	28,0 g/mol
Cl_2	71,0 g/mol
CH_4	16,0 g/mol

RÉPONSE

La bonbonne contenant le Cl_2 possède la masse la plus élevée.

28. (Obj. 2.7) Un technicien de laboratoire doit identifier un gaz contenu dans un cylindre métallique. À cette fin, il prend différentes mesures de masse et les compare à celles prises lorsque de l'oxygène ($O_{2(g)}$) est introduit dans le cylindre à la place du gaz inconnu. Le tableau suivant reproduit les résultats de ces expériences.

(Toutes les mesures ont été effectuées aux mêmes conditions de pression et de température.)

Masse du cylindre vide	82,1 g
Masse du cylindre + masse du gaz inconnu	168,5 g
Masse du cylindre + masse de l'oxygène	157,5 g

À partir de ces données, dites lequel de ces trois gaz ($CH_{4(g)}$, $Kr_{(g)}$, $N_{2(g)}$) pourrait être le gaz inconnu.

SOLUTION

Selon Avogadro, des volumes égaux de gaz, aux mêmes conditions de pression et de température, contiennent le même nombre de particules gazeuses. En trouvant le nombre de moles d'oxygène contenu dans le cylindre, nous aurons donc le nombre de moles de gaz inconnu.

(masse du cylindre + masse de l'oxygène) – masse du cylindre = masse de l'oxygène

$168,5 \ g - 82,1 \ g = 86,4 \ g$

masse molaire de $O_2 = 32,0 \ g$

$$\text{nombre de moles} = \frac{\text{masse}}{\text{masse molaire}} = \frac{86,4 \ g}{32,0 \ ^g/_{mol}} = 2,7 \ \text{moles}$$

En divisant la masse du gaz inconnu par le nombre de moles de gaz contenu dans le cylindre, nous obtenons la valeur de la masse molaire de l'inconnu.

(masse du cylindre + masse du gaz inconnu) – masse du cylindre = masse du gaz inconnu

$157,7 \ g - 82,1 \ g = 75,6 \ g$

$$n = \frac{m}{M} \Rightarrow M = \frac{m}{n} = \frac{75,6 g}{2,7 mol} = 28,0 \ ^g/_{mol}$$

En comparant ce dernier résultat avec les masses molaires des trois gaz suggérés dans l'exercice, nous pouvons finalement identifier le gaz inconnu.

Gaz	Masse Molaire
CH_4	16,0 g/mol
Kr	83,8 g/mol
N_2	28,0 g/mol

RÉPONSE

L'azote ($N_{2(g)}$) est le gaz inconnu.

LA LOI DES GAZ PARFAITS

- **La loi des gaz parfaits**, appelée aussi «**équation d'état des gaz parfaits**» provient de l'observation que, si la température ne varie pas, le produit de la pression par le volume est constant pour une quantité de gaz donnée. À partir de cette relation, nous avons pu établir l'équation suivante:

  $pV = nRT$.

- La constante R est appelée «**constante molaire des gaz parfaits**» et équivaut à 8,31 L·kPa/(K·mol).

  Cette loi regroupe les observations des gaz réels contenues dans les lois de Charles, Gay-Lussac, Boyle et Mariotte. Elle permet de décrire le comportement des gaz réels lorsque la densité et la température ne s'éloignent pas trop de certaines valeurs considérées normales.

Exercices

29. (Obj. 2.9) Quelle est la valeur de $\dfrac{pV}{nT}$ pour l'hélium à 30 °C?

SOLUTION

Selon la loi des gaz parfaits, on considère que le quotient $\dfrac{pV}{nT}$ a une valeur fixe pour tous les gaz sous toutes les conditions de pression et de température. Cette constante, R, appelée constante molaire des gaz parfaits, équivaut à 8,31 L·kPa/(mol·K) pour tous les gaz.

RÉPONSE

8,31 L·kPa/(mol·K)

Note: Des gaz parfaits? Un gaz parfait est un gaz dont le comportement correspond tout à fait aux résultats attendus par les lois des gaz. À des conditions normales de pression et de température, la plupart des substances gazeuses se comportent comme un gaz idéal. Le comportement d'un gaz réel s'éloigne de plus en plus de celui d'un gaz parfait lorsque que la pression augmente et que la température baisse. À des basses températures et/ou à des pressions élevées, la plupart des gaz se condensent en liquides et leur comportement ne peut plus être décrit par la loi des gaz parfaits. Cette divergence entre le comportement des gaz parfaits ou idéaux et celui des gaz réels est attribuable aux forces d'attraction intermoléculaires ainsi qu'au volume réel de ces particules gazeuses.

30. (Obj. 2.9) Dans un laboratoire, un cylindre de 10,0 L contient 3,30 kg de $CO_{2(g)}$. Le manomètre indique une pression de $1,80 \cdot 10^4$ kPa.

Quelle est la température ambiante du laboratoire?

A) 289 °C   **B) 336 K**

C) 32,6 K   **D) 42,5 °C**

E) 16,0 °C

Donnez toutes les étapes de votre démarche pour arriver à la réponse.

SOLUTION

Il est possible d'utiliser la loi des gaz parfaits pour trouver la température de la pièce en présumant que celle-ci est égale à la température du CO_2 contenu dans le cylindre.

On doit premièrement trouver le nombre de moles de CO_2 contenues dans le cylindre.

$$n_{CO_2} = \frac{m_{CO_2}}{M_{CO_2}} = \frac{3300\,g}{44,0\,{}^g\!/_{mol}} = 75,0 \text{ moles}$$

$$pV = nRT \Rightarrow T = \frac{pV}{nR}$$

$$T = \frac{1,80 \cdot 10^4 \, kPa \cdot 10,0 \, L}{75,0 \, mol \cdot 8,31 \, L \cdot kPa / mol \cdot K} = 289 \, K \text{ ou } 16°C$$

RÉPONSE

E)

31. (Obj. 2.9) Quelle serait la pression totale de CO_2 si on vidait complètement le cylindre du numéro précédent dans une pièce fermée de 450 m³? (1 m³ = 1000 L)

La température du $CO_{2(g)}$ demeure la même, soit 289 K.

SOLUTION

$$V = \frac{450 \, m^3 \cdot 1000 \, L}{1 \, m^3} = 4,50 \cdot 10^5 \, L$$

n = 75,0 moles

T = 289 K

p = ?

$$pV = nRT \Rightarrow p = \frac{nRT}{V}$$

$$p = \frac{75,0 \, mol \cdot 8,31 \, L \cdot kPa / mol \cdot K \cdot 289 \, K}{4,5 \cdot 10^5 \, L} = 0,40 \, kPa$$

Note: Vous pourriez aussi résoudre ce problème à l'aide de l'équation $p_1 V_1 = p_2 V_2$.

RÉPONSE

p = 0.40 kPa

32. (Obj. 2.9) Calculez la masse de néon, Ne, renfermée dans un récipient étanche de 25,0 L à une pression de 1810 kPa et à une température de 0,0 °C.

SOLUTION

p = 1810 kPa

V = 25,0 L

T = (0 + 273)K = 273 K

Vous devez premièrement trouver le nombre de moles de néon à l'aide de la loi des gaz parfaits.

$$pV = nRT \Rightarrow n = \frac{pV}{RT}$$

$$n = \frac{1810 \, kPa \cdot 25,0 \, L}{8,31 \, L \cdot kPa / mol \cdot K \cdot 273 \, K} = 20,0 \, moles$$

$$m = n \cdot M = 20,0 \, mol \cdot 20,2 \, g/mol = 404 \, g$$

RÉPONSE

404 g

33. (Obj. 2.9) Quelle est la pression exercée par 120 g d'azote ($N_{2(g)}$) à 32,0 °C sur les parois d'un récipient étanche de 10,0 L?

SOLUTION

m = 120 g

V = 10,0 L

T = (32,0 + 273)K = 305 K

p = ?

$$n = \frac{m}{M} = \frac{120 \, g}{28,0 \, g / mol} = 4,29 \, moles$$

$$pV = nRT \Rightarrow p = \frac{nRT}{V}$$

$$p = \frac{4,29 \, mol \cdot 8,31 \, L \cdot kPa / mol \cdot K \cdot 305 \, K}{10,0 \, L} = 1090 \, kPa$$

RÉPONSE

1090 kPa

3

LE MODÈLE MOLÉCULAIRE ET LES PHASES DE LA MATIÈRE

Le comportement distinct des solides, des liquides et des gaz provient de l'organisation différente des particules formant la matière dans ses différents états ou phases.

Dans un **solide**, des liens rigides imposent des contraintes importantes aux particules et l'énergie cinétique se trouve seulement sous forme de vibration.

La phase **liquide** est intermédiaire entre les gaz et les solides. La position des particules dans un liquide demeure semblable à celle trouvée dans les solides. Les particules peuvent toutefois glisser les unes sur les autres dans un léger mouvement de translation qui s'ajoute aux mouvements de rotation et de vibration.

Le plus grand degré de liberté de mouvement se trouve dans la **forme gazeuse** où tous les mouvements, vibration, rotation et translation, sont permis dans toutes les directions.

Les cinq énoncés ou postulats qui suivent composent ce qu'on appelle la théorie cinétique des gaz. La théorie cinétique fournit un modèle qui permet d'expliquer et de comprendre le comportement général des gaz ainsi que leurs principales caractéristiques physiques, soit leur capacité à diffuser, leur compressibilité et leur faible masse volumique.

- Un gaz est formé d'un très grand nombre de très petites particules, les molécules, relativement éloignées les unes des autres dans un espace vide.

- Toutes les molécules d'un même gaz sont identiques.

- Les molécules sont en mouvement continuellement et de façon aléatoire.

- Les collisions des molécules entre elles sont parfaitement élastiques. Des collisions élastiques sont des collisions qui se font sans perte ou transfert d'énergie. Les deux particules qui se frappent conservent la même énergie qu'elles avaient avant la collision.

- L'énergie cinétique moyenne des molécules est directement proportionnelle à la température du gaz.

Exercices

34. (Obj. 3.2) En vous servant des données suivantes recueillies à TPN, identifiez la seule substance en phase gazeuse. Justifiez votre réponse.

Substance	Volume	Masse
A	35,0 mL	45,0 g
B	20,0 mL	17,0 g
C	250 mL	720 g
D	500 mL	1,00 g

SOLUTION

Posséder une faible masse volumique est une des propriétés caractéristiques des gaz. La valeur de la masse volumique de chacune des substances peut être obtenue à l'aide des données de masse et de volume.

$$\text{masse volumique} = \frac{\text{masse de la substance (g)}}{\text{volume (mL)}}$$

Substance	Masse volumique (g/mL)
A	1,29
B	0,85
C	2,88
D	0,002

RÉPONSE

Comparativement aux solides et aux liquides, les gaz ont une faible masse volumique. La masse volumique de la substance D est de 0,002 g/mL et est significativement plus basse que celle des autres substances. La substance D est donc celle qui est sous forme gazeuse à la température de la pièce.

35. (Obj. 3.1) Contrairement aux liquides et aux solides, les gaz sont compressibles. Quelle caractéristique physique des gaz explique ce phénomène?

A) **Les particules gazeuses sont continuellement en mouvement.**

B) **Les collisions des particules sur les parois des récipients sont responsables de la pression.**

C) **Les collisions entre particules sont totalement élastiques.**

D) **Les molécules sont très éloignées les unes des autres.**

SOLUTION

Bien que tous les énoncés soient vrais, seul D convient car la possibilité de compresser un gaz provient bien de l'espace qui existe entre les molécules gazeuses.

RÉPONSE

D)

36. (Obj. 3.2) Au cours de la nuit du 3 décembre 1984, à Bhopâl en Inde, une fuite d'isocyanate de méthyle gazeux

à l'usine de la compagnie Union Carbide a causé la mort par suffocation de plus de 8 000 personnes.

Une propriété commune à tous les gaz est responsable du fait qu'une vaste région autour de l'usine à été affectée. Il s'agit de:

A) leur grande compressibilité

B) leur toxicité

C) leur capacité de diffuser

D) leur faible masse volumique

E) leur faible chaleur massique

SOLUTION

Selon l'association Greenpeace, la catastrophe de Bhopâl serait responsable à ce jour d'environ 16 000 morts en plus des 750 000 personnes affectées en permanence au niveau de leurs systèmes respiratoire, immunitaire et reproducteur.

L'ampleur du sinistre provient du fait que les gaz toxiques se sont répandus par diffusion autour de l'usine située dans un quartier très populeux.

La toxicité n'étant pas une propriété commune à tous les gaz, le choix de réponse B) ne peut être retenu.

RÉPONSE

C) leur capacité de diffuser

37. (Obj. 3.2) Expliquez, à l'aide de la théorie cinétique, pourquoi la pression d'un pneu augmente durant une journée chaude d'été?

RÉPONSE

La pression dans un pneu est causée par les collisions des molécules de gaz sur ses parois et dépend de l'énergie cinétique des particules gazeuses. Selon la théorie cinétique, l'énergie cinétique moyenne des molécules est directement proportionnelle à la température du gaz. Durant une journée chaude, les particules gazeuses contenues dans un pneu ont une plus grande énergie cinétique qui se traduit par une pression plus élevée. Inversement, l'hiver, l'énergie cinétique des particules étant faible, la pression des pneus diminue.

38. (Obj. 3.2) Sachant que les gaz suivants sont tous à la même température, dites dans quel ordre on doit placer les ballons afin de classer ces gaz par ordre <u>croissant</u> de la vitesse moyenne des particules gazeuses qui les composent.

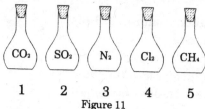

Figure 11

A) CO_2, SO_2, CH_4, N_2, Cl_2

B) Cl_2, SO_2, CO_2, N_2, CH_4

C) N_2, CH_4, Cl_2, SO_2, CO_2

D) CH_4, Cl_2, SO_2, CO_2, N_2

E) Cl_2, N_2, SO_2, CO_2, CH_4

SOLUTION

Souvenez-vous de la définition de la température selon la théorie cinétique.

La température d'un gaz est la mesure de l'énergie cinétique moyenne des particules gazeuses qui le composent. Deux particules de masses différentes ayant la même énergie cinétique possèdent nécessairement des vitesses différentes.

$$E_c = \frac{1}{2} mv^2$$

Les particules les plus lourdes étant les plus lentes, en classant les gaz par ordre <u>décroissant</u> de masse moléculaire, on obtient l'ordre croissant des vitesses des particules gazeuses.

La masse moléculaire provient de la somme des masses atomiques des atomes formant les molécules.

Masses moléculaires: Cl_2 : 71,0 u.m.a.

SO_2: 64,1 u.m.a.

CO_2: 44,0 u.m.a.

N_2 : 28,0 u.m.a.

CH_4: 16,0 u.m.a.

Contrairement aux masses molaires qui sont données en grammes, les masse atomiques et moléculaires sont exprimées en unités de masses atomiques (u.m.a.).

RÉPONSE

B)

39. (Obj. 3.3) Selon l'état physique de la matière, l'énergie cinétique contenue dans une substance donnée peut prendre différentes formes:

1. **énergie cinétique de rotation**
2. **énergie cinétique de vibration**
3. **énergie cinétique de translation**

Quels types d'énergie caractérisent:

a) **la phase solide?**
b) **la phase gazeuse?**

Choix de réponse:

A) 2 seulement   C) 1, 2 et 3

B) 2 et 3   D) 1 et 2

SOLUTION

a) La structure ordonnée d'un solide ne permet aucun déplacement des particules qui le composent. L'énergie cinétique est retrouvée strictement sous la forme d'énergie cinétique de vibration.

b) L'état gazeux est à l'opposé de l'état solide. Dans un gaz, tous les déplacements sont permis et l'énergie cinétique s'exprime par des mouvements de rotation, de translation et par la vibration des particules gazeuses.

RÉPONSE

a) A)
b) C)

40. (Obj. 3.3) Lesquels des énoncés suivants ne correspondent pas aux postulats de la théorie cinétique?

1. Un gaz est formé d'un très grand nombre de très petites particules, les molécules, très près l'une de l'autre dans un espace vide.

2. Toutes les molécules d'un même gaz sont différentes.

3. Les molécules sont en mouvement continuellement et de façon aléatoire.

4. Les collisions des molécules entre elles sont parfaitement élastiques.

5. L'énergie cinétique moyenne des molécules est directement proportionnelle au volume occupé par un gaz.

A) 2, 3 et 5   B) 1, 2 et 4

C) 1, 2 et 5   D) 2, 3 et 4

SOLUTION

Assurez-vous d'avoir bien compris les différents postulats de la théorie cinétique afin de voir si leur signification a été conservée dans les énoncés de la question.

Procédez par élimination en prenant un énoncé que vous savez exact.

RÉPONSE

Les énoncés 3 et 4 sont écrits correctement; les énoncés 1, 2 et 5 devraient se lire comme suit:

1. Un gaz consiste en un très grand nombre de très petites particules, les molécules, **relativement éloignées** les unes des autres dans un espace vide.

2. Toutes les molécules d'un même gaz sont **identiques**.

3. L'énergie cinétique moyenne des molécules est directement proportionnelle à la **température** du gaz.

RÉPONSE

C)

PRÉTEST MODULE II *

1. Plusieurs phénomènes naturels et applications technologiques sont directement reliés à l'utilisation des gaz. Parmi les exemples donnés, identifiez ceux qui sont des applications technologiques qui améliorent notre qualité de vie.

1. Les déplacements de l'air jouent un rôle essentiel lors de la reproduction de certaines plantes.
2. L'utilisation du monoxyde de diazote pour anesthésier les malades.
3. Les compresseurs à air, utilisés pour le gonflage des pneus.
4. La corrosion produite sur les pièces métalliques des autos.
5. La photosynthèse.
6. Les systèmes à air chaud, utilisés dans certaines maisons.
7. L'utilisation des fluorocarbures (CFC) dans les canettes d'aérosol.

   A) 1, 2 et 3   C) 2, 3 et 6
   B) 4, 5 et 6   D) 2, 3 et 7

2. Parmi les réalisations technologiques suivantes identifiez celle qui a le plus grand effet destructeur sur la couche d'ozone.
A) combustion de l'essence dans une automobile
B) perte du fréon (CFC) d'un système de refroidissement
C) combustion de l'huile d'un système de chauffage
D) recharge des piles d'un baladeur

3. Parmi les énoncés suivants, lequel est vrai?
A) La masse des particules gazeuses influence leur vitesse de déplacement.
B) La température n'a aucune influence sur la vitesse de déplacement des particules gazeuses.

* Les questions de ce prétest proviennent des examens antérieurs de fin d'études secondaires du ministère de l'Éducation et de la Commission scolaire Taillon.

C) Les particules se déplacent plus lentement en milieu gazeux qu'en milieu aqueux.

D) À une même température, les particules de deux gaz différents se déplacent à la même vitesse.

4. Quand le trifluorotrichloroéthane (FRÉON) s'échappe dans l'air, il monte dans la haute atmosphère et réagit avec l'ozone (O_3) détruisant cette couche protectrice. Il en résulte une augmentation des radiations U.V. à la surface de la terre, ce qui entraîne un nombre accru des cancers de la peau chez les humains. Il a été découvert que le chlore dans le composé FRÉON était l'agent responsable de la destruction de l'ozone.

Laquelle des mesures suivantes serait la plus appropriée pour diminuer la perte d'ozone au-dessus du Canada?

A) Libérer un catalyseur dans l'atmosphère, ce qui augmenterait la production d'ozone pour remplacer la quantité manquante.

B) Développer une autre substance qui ne contient pas de chlore.

C) Vendre tous les systèmes de refroidissement qui utilisent du FRÉON aux pays en voie de développement.

D) Diminuer l'effet de serre et par le fait même, le besoin de refroidissement.

5. Un certain nombre de moles de dichlore, $Cl_{2(g)}$, occupent un volume de 43,8 L à une température de 43 $^{\circ}$C et sous une pression de 105 kPa.

Quel est ce nombre de moles de dichlore?

   A) 1,75 mol   C) 14,6 mol

   B) 12,9 mol   D) 107 mol

6. Une seringue contient 30,0 mL de méthane gazeux, $CH_{4(g)}$. Ce gaz exerce une pression de 105,0 kPa. En maintenant la température constante, on diminue cette pression à 90,0 kPa.

Quel est le nouveau volume du méthane?

   A) $4,00 \times 10^{-2}$ mL   C) $3,5 \times 10^1$ mL

   B) $2,57 \times 10^1$ mL   D) $3,15 \times 10^2$ mL

7. Un ballon en caoutchouc dont le volume est de 1,50 L contient de l'hélium, $He_{(g)}$, qui exerce une pression de 100 kPa à une température de 22 $^{\circ}$C. En relâchant le ballon, celui-ci s'élève à une altitude où la température est de 4 $^{\circ}$C; l'hélium exerce alors une pression de 60 kPa.

Quel est le volume du ballon à cette altitude?

A) 0,450 L   C) 2,66 L

B) 2,35 L   D) 13,8 L

8. Vous devez déterminer la masse molaire d'un gaz inconnu. À cette fin, vous avez recueilli les renseignements suivants:

Volume de la seringue	113 mL
Masse de la seringue vide	80,77 g
Masse de la seringue remplie de dioxygène, O_2	80,92 g
Masse de la seringue remplie du gaz inconnu	81,07 g
Température	22,0°C
Pression	101,3 kPa

D'après ces renseignements, quelle est la masse molaire du gaz inconnu?

9. Un cylindre contient une certaine quantité de gaz à une température donnée. On diminue le volume de ce gaz de moitié tout en triplant la température absolue.

Qu'arrive-t-il à la pression du gaz?

10. Voici deux ballons de 5 L qui contiennent des gaz différents à la même température.

Sachant que la pression exercée par l'oxygène, $O_{2(g)}$, est de 250 kPa, calculez la pression exercée par le méthane, $CH_{4(g)}$.

Figure 12

11. Calculez la masse d'hélium, He, contenue dans un cylindre de 20 litres sous une pression de 155,8 kPa à une température de $-23\ ^{\circ}C.$ $\left(R = 8,31 \dfrac{kPa \cdot L}{mol \cdot K} \right)$

MODULE

III

Réactions chimiques: énergie

Ce module a pour objectif d'étudier, à l'aide de la méthode scientifique, divers changements chimiques pour en découvrir certains effets, pour comprendre les transferts d'énergie qui en résultent et se sensibiliser à leurs impacts sur la société et sur l'environnement.

Vous devez savoir:

- classer des changements physiques et chimiques en transformations exothermiques et endothermiques;
- expliquer les règles qui régissent les transferts d'énergie qui se produisent au cours de réactions chimiques;
- distinguer la chaleur massique de réaction (Δh), la chaleur molaire de réaction (ΔH) et la capacité thermique (c) d'une substance;
- utiliser la loi de Hess pour la détermination d'une chaleur de formation;
- appliquer des techniques de calcul relatives à la calorimétrie;
- associer l'enthalpie d'une substance aux énergies internes de mouvement et de position;
- illustrer, à l'aide de graphiques, la variation de l'enthalpie des substances impliquées dans une réaction chimique.

1

TRANSFORMATIONS CHIMIQUES ET PHYSIQUES

La matière qui nous entoure subit continuellement des transformations. Qu'elles soient chimiques ou physiques, ces transformations entraînent toujours des variations et des transferts d'énergie.

- Une **transformation physique** altère l'apparence d'une substance sans modifier ses propriétés caractéristiques, son identité ou sa structure fondamentale. Les changements de phase sont tous des transformations physiques.

  Exemple: la vapeur d'eau a la même composition et les mêmes propriétés caractéristiques que la glace ou l'eau liquide.

- Une **transformation chimique** est un processus qui entraîne la modification de la structure, de la composition et des propriétés chimiques caractéristiques d'une substance. Lors d'une réaction chimique, les matériaux originaux (réactifs) perdent complètement leur identité et de nouvelles substances (produits) possédant de nouvelles propriétés sont formées.

  Exemple: les propriétés du sel de table (NaCl) diffèrent totalement des deux éléments, le sodium et le chlore, qui le composent; le chlore est un gaz à la température de la pièce, tandis que le sodium est un métal très réactif.

- Les **propriétés caractéristiques** d'une substance sont celles qui forment son identité et la distinguent des autres substances: point d'ébullition, masse volumique, conductibilité électrique ou thermique, réactivité chimique, etc.

  Toutes les transformations de la matière, physiques et chimiques, entraînent des transferts d'énergie entre les substances impliquées et leur environnement.

Pour se réaliser, une **transformation endothermique** nécessite un apport d'énergie le plus souvent sous forme de chaleur. Il y a donc absorption d'énergie au cours du processus.

Une **transformation exothermique** s'accompagne toujours d'un dégagement d'énergie sous forme de chaleur dans l'environnement.

La plupart des transformations chimiques et physiques sont réversibles. La **réversibilité** implique que les produits d'une transformation peuvent être reconvertis en réactifs. La réversibilité d'une transformation est représentée par une double flèche (↔) dans une équation tandis que la simple flèche (→) représente une transformation «complète». Une transformation complète est non réversible, c'est-à-dire qu'elle ne se fait que dans un sens.

Exercices

1. (Obj. 1.1) Les phénomènes suivants sont-ils physiques ou chimiques?

A) l'ajout de chlore à une piscine

B) la fabrication de la bière

C) la distillation d'alcool

D) l'utilisation de sel pour faire fondre la glace

E) la croissance d'une plante

F) l'électrolyse de l'eau

SOLUTION

Afin de différencier une transformation physique d'une transformation chimique, posez-vous les questions suivantes:

Avons-nous la même substance avant et après le changement?

Le changement est-il «superficiel», n'affectant que l'aspect physique de la substance?

Si vous pouvez répondre par l'affirmative à l'une de ces deux questions, vous avez assurément affaire à une transformation physique.

Certains indices peuvent aussi vous permettre de reconnaître une transformation chimique. Ce type de transformation de la matière s'accompagne presque toujours d'un ou de plusieurs des phénomènes suivants:

- un changement de couleur;
- la libération d'un gaz;
- la formation d'un précipité;
- l'absorption ou le dégagement d'énergie (chaleur, lumière).

N'oubliez pas que le dégagement ou l'absorption de chaleur ne sont pas des phénomèmes propres seulement aux transformations chimiques. De simples procédés physiques, comme par exemple la dissolution de sels dans un liquide, peuvent provoquer d'importantes variations de température. Toutefois, de façon générale, les quantités d'énergie transférées au cours d'une transformation physique sont toujours moins élevées que durant un processus chimique.

Les phénomènes A) et D) constituent des exemples d'un même procédé physique: la dissolution d'un soluté dans l'eau. Les solutions obtenues, de l'eau chlorée et de l'eau salée, sont des mélanges dans lesquels le chlore, le sel et l'eau conservent leurs caractéristiques chimiques propres.

La distillation de l'alcool est un procédé physique de séparation utilisant la différence de points d'ébullition de l'alcool et de l'eau.

Les phénomènes B), E) et F) sont tous les trois des transformations chimiques. La fabrication de la bière et la croissance des plantes sont le résultat de procédés chimiques complexes. La levure employée dans la fabrication de la bière transforme des sucres en alcool, tandis que la croissance des plantes dépend de la photosynthèse qui utilise l'énergie lumineuse pour transformer l'eau et le gaz carbonique en sucres complexes.

L'électrolyse est un procédé chimique permettant la décomposition de certaines substances par le passage d'un courant électrique.

RÉPONSE

A) physique   D) physique

B) chimique   E) chimique

C) physique   F) chimique

Conseil: Vous devez garder en mémoire ce qui différencie un mélange d'un composé. Les composantes d'un <u>mélange</u> conservent leurs caractéristiques propres et peuvent être séparées par des moyens physiques simples telles la distillation, la filtration, etc.

Un composé a des propriétés chimiques complètement différentes de celles des éléments qui le constituent. Une réaction chimique est nécessaire afin d'isoler ces éléments.

2. (Obj. 1.1) Parmi les phénomènes suivants, lesquels dégagent plus d'énergie qu'ils n'en absorbent?

1. **L'évaporation de l'eau**

2. **L'électrolyse de l'eau**

3. **L'explosion d'un pétard**

4. **La combustion d'une chandelle**

5. **La condensation de la vapeur d'eau**

   A) 1 et 2   **C) 3 et 4**

   B) 1, 2 et 5   **D) 3, 4 et 5**

SOLUTION

L'évaporation et l'électrolyse de l'eau sont deux phénomènes, l'un physique et l'autre chimique, qui ont besoin d'énergie pour se produire. Au cours de l'évaporation de l'eau, les particules d'eau liquide absorbent de l'énergie pour passer à l'état gazeux. L'électrolyse de l'eau utilise l'énergie fournie par un courant d'électrons afin de scinder les molécules d'eau ($H_2O_{(l)}$) en ses composantes ($H_{2(g)}$ et $O_{2(g)}$).

L'explosion d'un pétard et la combustion d'une chandelle sont deux phénomènes chimiques qui produisent de façon évidente plus de chaleur ou d'énergie qu'ils n'en consomment. Ces deux réactions chimiques ne sont pas spontanées et une petite quantité d'énergie doit être fournie à ces systèmes afin d'activer la réaction. Dans les deux cas, la chaleur dégagée par une allumette est suffisante. Cette énergie d'activation est bien minime comparée à l'énergie totale dégagée.

La condensation de la vapeur d'eau est le passage de particules d'eau de l'état gazeux à liquide. Les particules gazeuses doivent abaisser leur énergie cinétique afin de passer à l'état liquide. La condensation de l'eau implique donc un dégagement d'énergie.

RÉPONSE

D)

REMARQUE | Tous les changements de phases sont des phénomènes physiques s'effectuant spontanément à une certaine température. Ces transformations dans l'organisation de la matière sont réversibles et impliquent toujours une variation d'énergie. En fait, un changement de phase est la conséquence d'une modification, augmentation ou diminution, de l'énergie cinétique des particules.

3. (Obj. 1.2) Indiquez parmi les transformations physiques suivantes celles qui absorbent plus d'énergie qu'elles n'en dégagent.

A) la sublimation de la naphtalène, $C_{10}H_{8(s)}$

B) la condensation de vapeur d'eau, $H_2O_{(g)}$

C) l'évaporation des océans

D) la liquéfaction de l'oxygène gazeux, $O_{2(g)}$

E) la fusion du mercure, $Hg_{(s)}$, à $-38\ ^\circ C$

Conseil: Assurez-vous de bien connaître tous les termes désignant les changements de phases de la matière (fusion, liquéfaction, condensation, etc). Vérifiez leur définition si vous avez des problèmes sur ce plan.

SOLUTION

Tous les changements de phases qui nécessitent une augmentation de température pour se produire sont des transformations physiques endothermiques.

La sublimation de la naphtalène, l'évaporation des océans et la fusion du mercure (A, C et E) sont des processus physiques qui absorbent de l'énergie contrairement à la condensation de la vapeur d'eau et la liquéfaction de l'oxygène (B et D) qui impliquent une baisse d'énergie cinétique des particules d'eau et d'oxygène.

RÉPONSE

A), C) et E)

4. (Obj. 1.2) Dites en quelques mots quelle est la forme d'énergie impliquée dans les phénomènes suivants.

A) La photosynthèse

B) La fonte de la neige

C) Une avalanche de neige

D) La chaleur produite par le Soleil

E) Un voilier glissant sur l'eau

RÉPONSE

A) Énergie lumineuse absorbée par la chlorophylle des cellules végétales.

B) Énergie thermique transportée par les rayonnements infrarouges en provenance du Soleil. (Ces rayonnements électromagnétiques transfèrent sur Terre plus de 100 000 milliards de joules d'énergie à la seconde!)

C) Énergie potentielle stockée dans les accumulations de neige en montagne. Lorsque ces accumulations deviennent trop importantes, l'avalanche se déclenche et toute l'énergie potentielle est transformée en énergie cinétique.

D) Énergie nucléaire produite par la fusion de noyaux d'hydrogène à l'intérieur du Soleil.

E) Énergie éolienne provenant du déplacement continuel de masses d'air provoqué par le phénomène de convection. (L'énergie éolienne provient en fait de l'énergie cinétique des particules gazeuses de l'air.)

5. (Obj. 1.3) Le schéma suivant représente les différents changements d'états physiques de la matière. Pour chacune des transformations représentées par une flèche, dites s'il s'agit d'un phénomène qui absorbe ou qui dégage de l'énergie.

$$
\begin{array}{ccc}
 & \text{GAZ} & \\
\nearrow\!\!\!\!\!\!\begin{array}{c}E\\F\end{array} & & \begin{array}{c}D\\C\end{array}\!\!\!\!\!\!\nwarrow \\
\text{LIQUIDE} \xrightarrow{A} & & \text{SOLIDE}
\end{array}
$$

Figure 13

RÉPONSE

A) dégage   D) dégage

B) absorbe   E) absorbe

C) absorbe   F) dégage

6. (Obj. 1.3) En vous référant aux équations suivantes, identifiez les transformations qui sont ENDOTHERMIQUES.

1. $NaOH_{(s)} \rightarrow Na^+_{(aq)} + OH^-_{(aq)} + 41{,}9 \text{ kJ}$

2. $NaNO_{3(s)} + Q \rightarrow Na^+_{(aq)} + NO_{3\,(aq)}$

3. $H_2O_{(s)} + \text{chaleur} \rightarrow H_2O_{(l)}$

4. $2Cu_{(s)} + O_{2(g)} \rightarrow 2CuO_{(s)} + \text{énergie}$

5. $2H_2O_{(g)} + 2Cl_{2(g)} + 113 \text{ kJ} \rightarrow 4HCl_{(g)} + O_{2(g)}$

Choix de réponse: A) 1, 3 et 4

                      B) 2, 4 et 5

                      C) 2, 3 et 5

                      D) 1, 2 et 4

REMARQUE   Il existe différentes façons d'exprimer la notion de chaleur dans une équation chimique. L'énergie produite ou consommée peut être représentée par la lettre «*Q*» ou simplement par le mot **chaleur** utilisé comme un membre de la réaction. On peut aussi exprimer en kilojoules (**kJ**), avec les produits ou avec les réactifs, la quantité de chaleur libérée ou absorbée lors de la réaction.

SOLUTION

Une équation chimique représente une réaction <u>exothermique</u> lorsque le symbole ou le mot représentant l'énergie est du côté des produits. Dans une réaction <u>endothermique</u>, l'énergie est associée aux réactifs.

RÉPONSE

C)

7. (Obj. 1.3) Vrai ou faux?

A) **Contrairement aux transformations chimiques, les phénomènes physiques peuvent être représentés par une équation.**

B) **Une réaction exothermique réversible dégage de la chaleur dans les deux sens.**

C) **Dans une réaction endothermique, les produits ont plus d'énergie emmagasinée que les réactifs.**

D) **Une baisse de la température de l'eau dans un calorimètre implique que la réaction étudiée est endothermique.**

E) **L'énergie thermique est la forme d'énergie la plus souvent produite au cours de phénomènes physiques ou chimiques.**

F) **Un feu d'artifice est un exemple de phénomène chimique spontané.**

Soyez toujours très attentif lorsque vous répondez à des questions du type «vrai ou faux». Souvenez-vous qu'un seul mot peut transformer un énoncé vrai en une fausseté.

SOLUTION ET RÉPONSE

A) Faux; tout comme une réaction chimique, une transformation physique peut être représentée par une équation comme, par exemple, celle représentant la sublimation de l'iode:

$$I_{2(s)} + Q \rightarrow I_{2(g)}.$$

Les changements physiques n'affectant pas la nature des substances impliquées, les indices ((s), (g), (l), etc.) qui indiquent l'état physique des réactifs et des produits prennent beaucoup d'importance.

B) Faux; une réaction réversible est toujours endothermique dans un sens et exothermique dans l'autre.

C) Vrai; selon la loi de la conservation de l'énergie, l'énergie d'un système chimique est constante. Ceci implique que l'énergie fournie aux réactifs dans une réaction endothermique se retrouve, dans les produits, transformée en énergie chimique.

D) Vrai; un calorimètre est un appareil permettant de mesurer indirectement la quantité de chaleur absorbée ou dégagée lors d'un phénomène chimique ou physique à partir de la variation de la température de l'eau contenue dans l'appareil.

Une réaction endothermique doit puiser de l'énergie dans son environnement afin de se réaliser. L'eau contenue dans un calorimètre constitue l'environnement immédiat aux réactions qui s'y produisent. Une réaction endothermique absorbe la chaleur de l'eau du calorimètre et provoque ainsi une baisse de sa température.

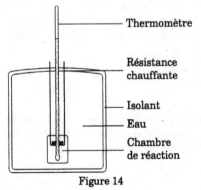

Figure 14

E) Vrai; bien que d'autres types d'énergie telle l'énergie lumineuse peuvent être produits lors de transformations chimiques ou physiques, la chaleur est le type de dégagement d'énergie le plus souvent observé.

F) Faux; l'explosion d'un feu d'artifice nécessite une petite énergie d'activation pour amorcer la réaction et n'est donc pas un phénomène spontané.

8. (Obj. 1.1, 1.2 et 1.3) Dans un laboratoire de chimie, un technicien pose un grand bécher contenant un liquide rose sur une plaque chauffante. En se réchauffant, la solution devient incolore. Le technicien reprend le bécher et le laisse refroidir sur la table. Après quelques minutes, la couleur rose réapparaît.

La transformation du liquide rose en un liquide incolore est un exemple d'un phénomène:

A) chimique, endothermique et réversible

B) physique, exothermique et réversible

C) chimique, exothermique et non réversible

D) physique, endothermique et non réversible

SOLUTION

Un changement de couleur implique toujours une transformation chimique. Dans l'expérience décrite dans ce problème, la disparition de la couleur dépend de la température de la solution. Il s'agit donc d'un phénomène chimique endothermique.

Le fait que la couleur réapparaisse lorsque la température revient aux conditions initiales indique que le phénomène est réversible.

RÉPONSE

A)

9. (Obj. 1.3) Les trois équations suivantes représentent des réactions exothermiques. Associez chacune d'elles à une quantité d'énergie dégagée.

A) $_{1}^{2}H + _{1}^{3}H \rightarrow _{2}^{4}He$

B) $2C_2H_{6(g)} + 7O_{2(g)} \rightarrow 4CO_{2(g)} + 6H_2O_{(g)}$

C) $I_{2(g)} \rightarrow I_{2(s)}$

1) **5 kJ/mol**

2) **1,73 · 10^9 kJ/mol**

3) **1,56 · 10^3 kJ/mol**

SOLUTION

Ce problème vise à vous faire voir l'écart considérable qui existe au niveau énergétique entre les phénomènes physiques, chimiques et nucléaires.

Les phénomènes physiques, telle la solidification de l'iode en B), sont des procédés n'impliquant que de faibles quantités d'énergie. En comparaison, un phénomène chimique comme la combustion de l'éthane (C_2H_6) libère jusqu'à 1 000 fois plus d'énergie. Finalement, une réaction nucléaire peut produire des quantités inouïes d'énergie à partir de très peu de matière. On dit que la fission d'un kilogramme d'uranium peut fournir 3 · 10^6 fois plus d'énergie que la combustion de la même masse de charbon.

La différence d'énergie entre ces phénomènes provient du type de lien modifié au cours des différentes transformations. Ce sont les liaisons intermoléculaires pour les phénomènes physiques, les liens interatomiques pour les réactions chimiques et les liens très énergétiques existant entre les particules du noyau atomique dans le cas des réactions nucléaires.

RÉPONSE

A) 2) 1,73 · 10^9 kJ/mol

B) 3) 1,56 · 10^3 kJ/mol

C) 1) 5 kJ/mol

2

LES TRANSFERTS D'ÉNERGIE

THERMOCHIMIE ET CALORIMÉTRIE

La **thermochimie** est la partie de la chimie qui s'intéresse aux quantités de chaleur mises en jeu dans les transformations physiques et chimiques de la matière. La **calorimétrie** désigne l'ensemble des techniques utilisées pour mesurer ces chaleurs.

- La **loi de conservation de l'énergie** est un principe fondamental en thermochimie. Cette loi stipule que lors de transformations chimiques ou physiques, l'énergie n'est jamais détruite mais seulement transformée ou transférée.

  Que ce soit à la suite d'une combustion, d'une neutralisation ou encore d'une dissolution, la chaleur transmise ou absorbée lors d'un quelconque phénomène peut toujours être calculée à l'aide de la même formule:

  $$Q = m\,c\,\Delta T.$$

  Cette équation provient du fait que la quantité de chaleur (Q) transférée à une substance est proportionnelle à la variation de sa température (ΔT). Cette variation de température dépend de la chaleur massique (c) de la substance et de la quantité de matière impliquée (m).

- La **chaleur massique (c)**, appelée aussi **capacité thermique,** est une constante calorimétrique qui correspond à la capacité d'une substance à absorber la chaleur. Elle représente la quantité de chaleur nécessaire en joules pour élever d'un degré Celsius la température d'un gramme de cette substance.

  La chaleur massique est une caractéristique propre à chaque substance. La chaleur massique de l'eau, c_{eau}, équivaut à 4,19 J/g°C.

- **Chaleur massique de réaction** (Δh): chaleur absorbée ou produite par une réaction donnée en fonction de la masse de substance transformée (kJ/kg). Exemple: la chaleur massique de combustion du carbone est la quantité de chaleur dégagée par la combustion d'un kilogramme de carbone.

- **Chaleur molaire de réaction** (ΔH): chaleur absorbée ou produite par une réaction donnée en fonction du nombre de moles de substance transformée (kJ/mol). Cette valeur correspond à la variation d'enthalpie de la réaction. Exemple: la chaleur molaire de dissolution du KOH est la quantité de chaleur produite par la dissolution d'une mole de KOH.

Exercices

10. (Obj. 2.1) Les ingénieurs d'Hydro-Québec ont mis au point un prototype révolutionnaire de génératrice à gaz. Cette génératrice des plus performantes permet de transformer en énergie électrique 95 % de l'énergie chimique contenue dans le gaz servant de carburant.

La production d'électricité à l'aide de cette génératrice contrevient-elle à la loi de la conservation de l'énergie?

Sinon, expliquez ce que sont devenus les 5 % d'énergie chimique qui n'ont pas été transformés en électricité?

SOLUTION

Ce problème demande une bonne compréhension de la loi de conservation de l'énergie et de ses implications.

L'énergie d'un système n'est jamais détruite ou créée, mais seulement transformée ou transférée. Pourtant, même dans un système très efficace, il n'y a jamais de transformation d'énergie sans qu'il n'y ait de «pertes». Dans la majorité des phénomènes chimiques ou physiques, une partie de l'énergie transformée se dissipe simplement dans l'environnement sous forme de chaleur.

Cette énergie thermique perdue peut provenir de diverses imperfections des systèmes tels le frottement de pièces mécaniques ou la résistance au passage de l'électricité.

Toute révolutionnaire qu'elle soit, la génératrice d'Hydro-Québec n'affecte donc pas la validité de la loi de conservation de l'énergie.

RÉPONSE

La loi de conservation de l'énergie est respectée; les 5 % d'énergie chimique qui n'ont pas été transformés en électricité se sont dissipés dans l'environnement sous forme d'énergie thermique.

11. (Obj. 2.1) Une nuit d'été, Marc prend son vélo pour aller se promener. Il peut voir la route grâce à une lumière utilisant l'énergie produite par une dynamo attachée à sa roue avant.

Ceci est un exemple parfait...

A) de l'utilisation de l'énergie chimique à des fins récréatives

B) d'un phénomène chimique non réversible

C) d'un phénomène de transformation d'énergie

D) d'un phénomène endothermique réversible

SOLUTION

L'énergie produite par une dynamo de bicyclette démontre parfaitement la loi de conservation de l'énergie. L'énergie musculaire du cycliste est transférée en énergie mécanique à la dynamo qui la transforme à son tour en énergie électrique. L'énergie électrique est finalement transformée en énergie lumineuse.

RÉPONSE

C)

12. (Obj. 2.2) On fournit la même quantité de chaleur à 1 g de chacune des substances suivantes.

Substance	Chaleur massique (c) J/g°C
cuivre	0,38
fer	0,49
alcool	2,50
eau	4,19
air	0,99

Dites laquelle de ces substances subira la plus forte augmentation de sa température.

SOLUTION

Cet exercice constitue un rappel de la notion de chaleur massique que vous avez déjà vue en sciences physiques 436.

Une chaleur massique élevée indique qu'une grande quantité de chaleur doit être fournie à cette substance pour augmenter sa température. La substance ayant la plus faible chaleur massique sera donc celle qui subira la plus forte variation de température pour une même quantité de chaleur.

RÉPONSE

Le cuivre est la substance qui subira la plus forte augmentation de sa température.

13. (Obj. 2.1) Un élément chauffant est plongé dans un bécher contenant 125 mL d'eau à 5,0 °C. Quelle énergie devra fournir cet élément afin d'amener l'eau à son point d'ébullition?

La chaleur massique de l'eau est de 4,19 J/g°C.

SOLUTION

$Q = m \, c \, \Delta T$

$m = m_{eau} = 125 \text{ mL} \cdot 1 \text{ g/mL} = 125 \text{ g}$

$\Delta T = T_{finale} - T_{initiale}$

$\Delta T = 100 \text{ °C (point d'ébullition de l'eau)} - 5,0 \text{ °C} = 95 \text{ °C}$

$c = c_{eau} = 4,19 \text{ J/g°C}$

$Q = 125 \text{ g} \cdot 4,19 \text{ J/g}^\circ\text{C} \cdot 95^\circ\text{C} = 49756,3 \text{ J} \approx 50 \text{ kJ}$

RÉPONSE

50 kJ

14. **(Obj. 2.1) La dissolution du NaOH dans l'eau est un phénomène exothermique. Lors d'une expérience en laboratoire, 10 g de NaOH sont ajoutés à 250 mL d'eau à 25,0 $^\circ$C. Suite à la dissolution complète du NaOH, la température de la solution atteint 35,0 $^\circ$C.**

Quelle est la chaleur (Q) produite par la dissolution complète des 10 g de NaOH?

(chaleur massique de l'eau: 4,19 J/g$^\circ$C)

A) 7,32 kJ   C) 10,5 kJ

B) 35,0 kJ   D) 22,3 kJ

SOLUTION

$Q = \text{m c } \Delta\text{T}$

ΔT: variation de température du <u>solvant</u> (eau)

$\Delta\text{T} = \text{T}_{\text{finale}} - \text{T}_{\text{initiale}} = 35,0 \ ^\circ\text{C} - 25,0 \ ^\circ\text{C} = 10,0 \ ^\circ\text{C}$

$\text{m} = \text{m}_{\text{eau}} = 250 \text{ mL} \cdot 1 \text{ g/mL} = 250 \text{ g}$

c = chaleur massique du solvant

$\text{c} = \text{c}_{\text{eau}} = 4,19 \text{ J/g}^\circ\text{C}$

Q : chaleur produite par la dissolution de 10 g de NaOH

$Q = \text{m c } \Delta\text{T} = 250 \text{ g} \cdot 4,19 \text{ J/g}^\circ\text{C} \cdot 10,0 \ ^\circ\text{C} = 10475 \text{ J ou } 10,5 \text{ kJ}$

Une cause d'erreur possible consisterait à remplacer «m» dans la formule $Q = \text{m.c } \Delta\text{T}$ par la masse d'un des réactifs plutôt que par celle du solvant.

RÉPONSE

C)

15. (Obj. 2.1) En vous servant des données du problème précédent, dites quelle serait la température finale de la solution si 20 g de NaOH étaient ajoutés à la solution à 25,0 °C plutôt que seulement 10 g.

SOLUTION

La quantité de chaleur produite ou absorbée lors d'une réaction varie proportionnellement avec la quantité de matière en jeu. Plus de matière implique plus de chaleur absorbée ou dégagée. La chaleur produite par la dissolution de NaOH sera deux fois plus grande si on double la masse de NaOH mise en solution.

Nous savons d'après la solution de l'exercice précédent que la dissolution de 10 g de NaOH produit 10,5 kJ d'énergie. La dissolution de 20 g produira le double de cette quantité, soit 21,0 kJ.

$m = m_{eau} = 250$ g (cette donnée provient du numéro précédent)

$c = c_{eau} = 4,19$ J/g°C

$Q = 21,0$ kJ

N'oubliez pas de transformer les kilojoules (kJ) en joules (J) avant de les intégrer à la formule $Q = m\,c\,\Delta T$.

$$Q = m\,c\,\Delta T \quad \Rightarrow \quad \Delta T = \frac{Q}{m\,c} = \frac{21000\,J}{250\,g \cdot 4,19\,J/g°C}$$

$\Delta T = 20,0$ °C

$\Delta T = T_{finale} - T_{initiale} \Rightarrow T_{finale} = T_{initiale} + \Delta T$

$T_{finale} = 25,0$ °C $+ 20,0$ °C $= 45,0$ °C

RÉPONSE

$T_{finale} = 45,0$ °C

16. (Obj. 2.1) Un bécher contient 250 ml d'eau à 90 °C. Quel volume d'eau à 0 °C doit-on ajouter au bécher d'eau chaude afin d'abaisser sa température à 25 °C?

SOLUTION

Selon la **loi des transferts d'énergie**, le passage de chaleur entre deux substances est égal dans les deux sens, c'est-à-dire que la chaleur gagnée par l'une des substances égale celle perdue par l'autre. De cette affirmation provient la relation suivante:

$m_1 c_1 \Delta T_1 = m_2 c_2 \Delta T_2$.

m_1 = masse d'eau chaude = 250 mL · 1 g/mL = 250 g

ΔT_1 = variation de température de l'eau chaude

$\Delta T_1 = T_{supérieure} - T_{inférieure} = 90^{\circ}C - 25^{\circ}C = 65^{\circ}C$

m_2 = masse d'eau froide = ?

ΔT_2 = variation de température de l'eau froide

$\Delta T_2 = T_{supérieure} - T_{inférieure} = 25^{\circ}C - 0^{\circ}C = 25^{\circ}C$

Puisque la chaleur est transmise de l'eau chaude à l'eau froide et qu'il s'agit dans les deux cas de la même substance, il n'est pas nécessaire de conserver la valeur des chaleurs massiques (c_1 et c_2). L'équation devient: $m_1 \Delta T_1 = m_2 \Delta T_2$.

$$m_1 \Delta T_1 = m_2 \Delta T_2 \quad \Rightarrow \quad m_2 = \frac{m_1 \Delta T_1}{\Delta T_2}$$

$$m_2 = \frac{250g \cdot 65^{\circ}C}{25^{\circ}C} = 650g$$

650 g d'eau $\Leftrightarrow$ 650 mL d'eau

RÉPONSE

650 ml

17. (Obj. 2.1) Le nitrate d'argent a besoin d'énergie pour se dissoudre dans l'eau.

$AgNO_{3(s)} + 22,8 \text{ kJ} \rightarrow Ag^-_{(aq)} + NO_3^+_{(aq)}$

La dissolution de 2,5 moles d'$AgNO_3$ provoque une baisse de 27,2 °C de la température de l'eau d'un calorimètre.

Quel volume d'eau contenait ce calorimètre?

    A) 750 mL   C) 125 mL

    B) 300 mL   D) 500 mL

SOLUTION

L'énergie nécessaire à la dissolution d'<u>une mole</u> de nitrate d'argent nous est fournie par l'équation de dissolution. L'équation nous dit que 22,8 kJ d'énergie sont nécessaires pour effectuer la dissolution de chaque mole de $AgNO_{3(s)}$.

1 mole d'$AgNO_3$ $\Rightarrow$ 22,8 kJ

2,5 moles d'$AgNO_3$ $\Rightarrow$ x kJ

$$x = \frac{2,5 \text{ moles} \cdot 22,8 \text{ kJ}}{1 \text{ mole}} = 57 \text{ kJ}$$

57 kJ représente la quantité de chaleur absorbée par l'eau du calorimètre au cours de la dissolution de 2,5 moles de $AgNO_3$.

$\Delta T = 27,2 \,^{o}C$

$c = c_{eau} = 4,19 \text{ J/g}^{o}C$

$Q = 57$ kJ ou 57000 J

$m = m_{eau} = ?$

$$Q = m \, c \, \Delta T \quad \Rightarrow \quad m = \frac{Q}{c \, \Delta T}$$

$$m = \frac{57000 \text{ J}}{4,19 \text{ J} / g^{o}C \cdot 27,2^{o}C} = 500 \text{ g}$$

La masse volumique de l'eau étant égale à 1 g/mL, 500 g d'eau équivaut à un volume de 500 mL.

RÉPONSE

D)

---

18. (Obj. 2.1) Vous avez deux calorimètres contenant chacun 2,00 L d'eau à une température de 20,0 ^{o}C.

Dans le premier, vous avez fait brûler 1,00 g de paraffine et avez déterminé que la combustion dégage 43,5 kJ.

Dans le second, vous devez faire brûler de la paraffine de manière à ce que la température de l'eau passe de 20,0 ^{o}C à 38,3 ^{o}C.

Quelle masse de paraffine allez-vous utiliser?

A) 0,280 g   C) 1,19 g

B) 0,840 g   D) 3,52 g

SOLUTION

La première étape consiste à trouver la quantité d'énergie nécessaire pour faire passer la température du second calorimètre de $20,0\ ^\circ C$ à $38,3\ ^\circ C$. On obtient cette valeur à l'aide de la formule suivante: $Q = m\ c\ \Delta T$.

$m = m_{eau} = 2000\ mL \cdot 1\ g/mL = 2000\ g$

$c = c_{eau} = 4,19\ J/g^\circ C$

$\Delta T = T_{finale} - T_{initiale}$

$\Delta T = 38,3\ ^\circ C - 20,0\ ^\circ C = 18,3\ ^\circ C$

$Q = 2000\ g \cdot 4,19\ J/g^\circ C \cdot 18,3\ ^\circ C = 153 \cdot 10^3\ J$

Selon les données du problème, nous savons que la combustion de $1,00\ g$ de paraffine produit $43,5\ kJ$ d'énergie.

$1,00\ g \quad \Rightarrow \quad 43,5\ kJ$

$x\ g \quad\quad \Rightarrow \quad 153\ kJ$

$x = \dfrac{1\ g \cdot 153\ kJ}{43,5\ kJ} = 3,52\ g$

RÉPONSE

D)

19. (Obj. 2.2, 2.3) On fait brûler $3,0\ g$ d'éthane ($C_2H_{6(g)}$) dans un calorimètre contenant $500,0\ g$ d'eau. La température initiale de l'eau est $25,0\ ^\circ C$. À la fin de la combustion, le thermomètre indique $33,3\ ^\circ C$.

Sachant que la chaleur massique de l'eau est $4,19\ J/g^\circ C$, calculez:

A) la chaleur (Q) produite par la combustion de l'éthane.

B) la chaleur massique (Δh) de combustion en kJ/kg.

C) la chaleur molaire (ΔH) de combustion de l'éthane ($C_2H_{6(g)}$).

SOLUTION

A) La **chaleur (Q)** correspond à la <u>quantité totale de chaleur</u> produite par la réaction de combustion de 3,0 g d'éthane.

$m = m_{eau} = 500$ g

$\Delta T = T_{finale} - T_{initiale} = 33,3\ ^{\circ}C - 25,0\ ^{\circ}C$

$\Delta T = 8,3\ ^{\circ}C$

$c = c_{eau} = 4,19$ J/g$^{\circ}$C

$Q = m\ c\ \Delta T = 500$ g $\cdot$ 4,19 J/g$^{\circ}$C $\cdot$ 8,3 $^{\circ}$C

$Q = 17,4$ kJ

B) La **chaleur massique (Δh)** de combustion de l'éthane est la quantité de <u>chaleur produite par la combustion d'un kilogramme</u> d'éthane.

Nous avons trouvé en A) que 17,4 kJ d'énergie étaient produits par la combustion de trois grammes d'éthane. À partir de cette donnée et de la loi des proportions, on peut obtenir la chaleur produite par un kilogramme d'éthane.

3,0 g de C_2H_6 $\Rightarrow$ 17,4 kJ

1000 g de C_2H_6 $\Rightarrow$ x kJ

$$x = \frac{1000\,g \cdot 17,4\,kJ}{3,0\,g} = 5800\,kJ$$

C) La **chaleur molaire (ΔH)** de combustion de l'éthane est la quantité de <u>chaleur produite par la combustion d'une mole</u> d'éthane.

La masse molaire de l'éthane est de 30,0 g. Nous savons déjà que la combustion de 3,0 g d'éthane produit 17,4 kJ d'énergie. En utilisant la loi des proportions, on peut donc obtenir la chaleur molaire de C_2H_6.

3,0 g de C_2H_6 $\Rightarrow$ 17,4 kJ

30,0 g de C_2H_6 $\Rightarrow$ x kJ $\qquad$ x = 174 kJ

RÉPONSE

A) $Q = 17,4$ kJ

B) $\Delta h = 5800$ kJ/kg

C) $\Delta H = 174$ kJ/mole

20. (Obj. 2.2) La chaleur massique de fusion (Δh_f) du cuivre ($Cu_{(s)}$) est de 205 kJ/kg.

Quelle est la chaleur molaire de fusion (ΔH_f) de ce métal?

SOLUTION

La chaleur massique de fusion du cuivre correspond à la quantité d'énergie nécessaire à la fusion d'<u>un kilogramme</u> de cette substance, tandis que la chaleur molaire de fusion du cuivre correspond à l'énergie nécessaire à la fusion d'<u>une mole</u> de ce métal.

masse molaire du cuivre = 63,5 g

205 kJ $\Rightarrow$ 1000 g

x kJ $\Rightarrow$ 63,5 g

$$x = \frac{205\,kJ \cdot 63,5\,g}{1000\,g} = 13,0\,kJ$$

RÉPONSE

ΔH_{fusion} du cuivre = 13,0 kJ/mol

21. (Obj. 2.3) Vous neutralisez 100 mL d'acide chlorhydrique, $HCl_{(aq)}$ avec 100 mL d'hydroxyde de sodium, $NaOH_{(aq)}$. La concentration initiale de chacune des solutions est de 1,00 mol/L et leur température initiale est de 20,0 °C. Lorsque la réaction de neutralisation est terminée, la température du mélange est de 26,0 °C.

A) Quelle est l'énergie totale dégagée par cette réaction de neutralisation?

B) Quelle serait la chaleur dégagée par la neutralisation d'une mole d'acide chlorhydrique ($HCl_{(aq)}$)?

 REMARQUE Pour résoudre cet exercice, vous devez présumer que les solutions acides et basiques ont toutes deux la même masse volumique (1 g/mL) et la même chaleur massique que l'eau (4,19 J/g°C).

SOLUTION

A) La chaleur produite par la réaction de neutralisation est obtenue à l'aide de la formule $Q = m\,c\,\Delta T$.

La masse (m) correspond à la masse de la solution qui subit une variation de température. Il s'agit ici de la masse des 100 ml d'acide chlorhydrique ajoutée à celle des 100 ml d'hydroxyde de sodium.

$m = 200 \text{ mL} \cdot 1 \text{ g/mL} = 200 \text{ g}$

$c = 4,19 \text{ J/g}^\circ\text{C}$

$\Delta T = T_{finale} - T_{initiale} = 26,0 \,^\circ\text{C} - 20,0 \,^\circ\text{C} = 6,0 \,^\circ\text{C}$

$Q = m \, c \, \Delta T$

$Q = 200 \text{ g} \cdot 4,19 \text{ J/g}^\circ\text{C} \cdot 6,0 \,^\circ\text{C} = 5,0 \text{ kJ}$

B) En A), nous avons trouvé que la neutralisation de 100 ml de la solution de HCl produit 5,0 kJ d'énergie. Cette solution d'acide chlorhydrique a une concentration de 1 mol/L et 100 mL de cette solution contiennent donc 0,1 mole.

$1000 \text{ mL} \quad \Rightarrow \quad 1 \text{ mole}$

$100 \text{ mL} \quad \Rightarrow \quad x \text{ moles} \qquad x = 0,1 \text{ mole}$

$0,1 \text{ mole} \quad \Rightarrow \quad 5,0 \text{ kJ}$

$1,0 \text{ mole} \quad \Rightarrow \quad x \text{ kJ}$

$$x = \frac{1 \text{ mole} \cdot 5,0 \text{ kJ}}{0,1 \text{ mole}} = 50 \text{ kJ}$$

RÉPONSE

A) 5,0 kJ

B) 50 kJ

22. (Obj. 2.3) Le cuivre solide ($Cu_{(s)}$) fond à une température de 1083 °C. À cette température, la fusion du cuivre nécessite encore un apport de 205,5 kJ d'énergie par kilogramme de cuivre pour s'effectuer.

En sachant que la chaleur molaire de combustion du carbone est de 394,1 kJ/mol, trouvez quelle est la masse de charbon ($C_{(s)}$) nécessaire à la fusion d'un lingot de 10 kg de cuivre à 1083 °C.

SOLUTION

La fusion d'un kilogramme de cuivre nécessite 205,5 kJ d'énergie.

1 kg $\Rightarrow$ 205,5 kJ
10 kg $\Rightarrow$ x   x = 2055 kJ

Une mole de carbone = 12,0 g

12,0 g $\Rightarrow$ 394,1 kJ

x $\Rightarrow$ 2055 kJ $x = \dfrac{12\,g \cdot 2055\,kJ}{394,1\,kJ} = 62,6\,g$

RÉPONSE

La combustion de 62,6 g de charbon est nécessaire à la fusion d'un lingot de 10 kg de cuivre à une température de 1083 °C.

LA LOI DE HESS

La loi de Hess provient des observations faites par G.H. Hess, un chimiste russe qui, vers 1860, a démontré que la chaleur produite ou absorbée lors d'une réaction chimique à pression constante a toujours la même valeur même si ce procédé chimique est effectué en plusieurs étapes.

La **loi de Hess** est aussi nommée «**méthode algébrique de calcul des chaleurs de réaction**» ou encore «**loi de l'additivité des chaleurs de réaction**». Cette loi nous dit qu'il est possible de représenter une réaction chimique par la somme algébrique de plusieurs autres réactions. La somme algébrique des chaleurs de ces réactions nous donne alors la chaleur de la réaction globale. Cette méthode de calcul permet d'évaluer la chaleur produite par une réaction lorsque sa mesure expérimentale est difficile, voire impossible à réaliser.

Des équations thermochimiques peuvent être additionnées ou soustraites l'une de l'autre, divisées ou multipliées par une constante. En fait, on peut faire avec des équations chimiques les mêmes opérations qu'avec des équations algébriques ordinaires.

Exercices

23. (Obj. 2.4, 2.5) Tout comme le propane (C_3H_8) et le butane (C_4H_{10}), l'éthane (C_2H_6) est un très bon combustible.

$$C_2H_{6(g)} + 7/2\ O_{2(g)} \rightarrow 2\ CO_{2(g)} + 3\ H_2O_{(g)}$$

À l'aide des équations suivantes, trouvez la variation d'enthalpie provoquée par la combustion de l'éthane.

(1) $C_{(s)} + O_{2(g)} \rightarrow CO_{2(g)} + 394,1$ kJ

(2) $2\ C_{(s)} + 3\ H_{2(g)} \rightarrow C_2H_{6(g)} + 84,7$ kJ

(3) $H_{2(g)} + 1/2\ O_{2(g)} \rightarrow H_2O_{(g)} + 286,3$ kJ

SOLUTION

Pour obtenir l'équation globale de combustion du propane, on doit multiplier par 2 la réaction (1), inverser la réaction (2) et multiplier par 3 la réaction (3).

(1) $\qquad 2\ C_{(s)} + 2\ O_{2(g)} \rightarrow 2\ CO_{2(g)} + 788,2$ kJ

(2 inversée) $C_2H_{6(g)} + 84,7$ kJ $\rightarrow 2\ C_{(s)} + 3H_{2(g)}$

(3) $\qquad 3\ H_{2(g)} + 3/2\ O_{2(g)} \rightarrow 3\ H_2O_{(g)} + 858,9$ kJ

$2\ C_{(s)} + 2\ O_{2(g)} + C_2H_{6(g)} + 84,7$ kJ $+ 3\ H_{2(g)} + 3/2\ O_{2(g)} \rightarrow$
$2\ CO_{2(g)} + 788,2$ kJ $+ 2\ C_{(s)} + 3\ H_{2(g)} + 3\ H_2O_{(g)} + 858,9$ kJ

REMARQUE Le signe de la valeur d'énergie ne change pas après l'inversion de l'équation (2) puisque l'énergie est inscrite comme un membre de l'équation.

Après simplification, nous obtenons:

$C_2H_{6(g)} + 7/2\ O_{2(g)} \rightarrow 2\ CO_{2(g)} + 3\ H_2O_{(g)} + 1562,4$ kJ.

L'énergie étant du côté des produits, la réaction est exothermique et la valeur de la variation d'enthalpie est négative.

RÉPONSE

ΔH de combustion de l'éthane $= -1562,4$ kJ/mole

24. (Obj. 2.4, 2.5) L'éthyle (C_2H_2), que l'on connaît mieux sous le nom d'acétylène, est un gaz utilisé en soudure pour la chaleur intense produite par sa combustion.

$C_2H_{2(g)} + 5/2\ O_{2(g)} \rightarrow 2\ CO_{2(g)} + H_2O_{(g)}$

À l'aide des équations suivantes, trouvez la chaleur molaire de combustion de l'acétylène.

(1) $2\,C_{(s)} + H_{2(g)} \rightarrow C_2H_{2(g)}$ $\Delta H = 225\ kJ$

(2) $C_{(s)} + O_{2(g)} \rightarrow CO_{2(g)}$ $\Delta H = -395\ kJ$

(3) $H_{2(g)} + 1/2\ O_{2(g)} \rightarrow H_2O_{(g)}$ $\Delta H = -243\ kJ$

SOLUTION

Dans cet exercice, les chaleurs de réaction sont inscrites à l'extérieur des équations sous forme de ΔH. Dans ce cas, chaque opération algébrique effectuée sur les équations chimiques doit être complétée par une modification équivalente apportée à la valeur du ΔH de cette réaction.

Exemple: Si l'équation chimique est multipliée par une constante, la valeur du ΔH sera aussi multipliée par cette même constante. Si l'équation chimique est inversée, le signe du ΔH sera lui aussi inversé.

Les équations (1), (2) et (3) doivent être combinées afin d'obtenir l'équation globale suivante:

$C_2H_{2(g)} + 5/2\ O_{2(g)} \rightarrow 2\ CO_{2(g)} + H_2O_{(g)}$.

Dans l'équation (1), le C_2H_2 est situé du côté des produits. On doit donc inverser cette équation avant de l'additionner aux équations (2) et (3). La valeur de ΔH de l'équation (1) change alors de signe et devient négative.

Tous les membres de l'équation (2) sont multipliés par deux afin d'obtenir $2\,CO_2$ du coté des produits. La valeur de ΔH de l'équation (2) doit aussi être multipliée par deux.

(1 inversée) $C_2H_{2(g)} \rightarrow 2\ C_{(s)} + H_{2(g)}$ $\Delta H = -225\ kJ$

(2) $2\ C_{(s)} + 2O_{2(g)} \rightarrow 2\ CO_{2(g)}$ $\Delta H = -790\ kJ$

(3) $H_{2(g)} + 1/2\ O_{2(g)} \rightarrow H_2O_{(g)}$ $\Delta H = -243\ kJ$

$C_2H_{2(g)} + 2\ C_{(s)} + 2\ O_{2(g)} + H_{2(g)} + 1/2\ O_{2(g)} \rightarrow$
$2\ C_{(s)} + H_{2(g)} + 2\ CO_{2(g)} + H_2O_{(g)}$

L'équation globale est ensuite simplifiée en éliminant les composés qui se retrouvent simultanément des deux côtés de l'équation comme H_2 et C. Après simplification, l'équation devient:

$C_2H_{2(g)} + 5/2\ O_{2(g)} \rightarrow 2\ CO_{2(g)} + H_2O_{(g)}$.

Le ΔH de l'équation globale égale la somme algébrique des chaleurs des équations (1), (2) et (3) telles que modifiées.

$(-225 \text{ kJ}) + (-790 \text{ kJ}) + (-243 \text{ kJ}) = -1258 \text{ kJ}$

RÉPONSE

$\Delta H = -1258 \text{ kJ}$

25. (Obj. 2.4, 2.5) À l'aide de la loi de Hess et des six équations chimiques qui vous sont fournies et dont vous connaissez les chaleurs de réaction, trouvez les chaleurs des réactions représentées par les trois équations suivantes.

A) $NO_{2(g)} \rightarrow NO_{(g)} + 1/2\ O_{2(g)}$

B) $H_2O_{(g)} \rightarrow H_2O_{(l)}$

C) $C(s) + 2\ H_{2(g)} \rightarrow CH_{4(g)}$

Équations de référence	ΔH (kJ/mol)
(1) $H_{2(g)} + 1/2\ O_{2(g)} \rightarrow H_2O_{(g)}$	–242,2
(2) $CH_{4(g)} + 2\ O_{2(g)} \rightarrow CO_{2(g)} + 2\ H_2O_{(l)}$	–890,4
(3) $H_2O_{(l)} \rightarrow H_{2(g)} + 1/2\ O_{2(g)}$	+286,3
(4) $C_{(s)} + O_{2(g)} \rightarrow CO_{2(g)}$	–393,5
(5) $NO_{(g)} \rightarrow 1/2\ N_{2(g)} + 1/2\ O_{2(g)}$	–90,5
(6) $NO_{2(g)} \rightarrow 1/2\ N_{2(g)} + O_{2(g)}$	–33,9

REMARQUE Les seules équations qui vous sont présentées sont celles qui sont nécessaires à la résolution d'une équation chimique. Dans cet exercice, le niveau de difficulté est légèrement plus élevé étant donné que vous devez choisir parmi plusieurs équations celles dont vous avez besoin. N'oubliez pas qu'une même équation peut être utilisée pour résoudre deux équations différentes.

SOLUTION

A)   (6) $NO_{2(g)} \rightarrow 1/2\ N_{2(g)} + O_{2(g)}$ $\Delta H = -33,9$

+   (5 inversée) $1/2\ N_{2(g)} + 1/2\ O_{2(g)} \rightarrow NO_{(g)}$ $\Delta H = +90,5$

$NO_{2(g)} + 1/2\ N_{2(g)} + 1/2\ O_{2(g)} \rightarrow 1/2\ N_{2(g)} + O_{2(g)} + NO_{(g)}$

après simplification:

$NO_{2(g)} \rightarrow NO_{(g)} + 1/2\ O_{2(g)}$ $\Delta H = 56,6$ kJ/mol

B)   (1 inversée) $H_2O_{(g)} \rightarrow H_{2(g)} + 1/2\ O_{2(g)}$ $\Delta H = +242,2$

+   (3 inversée) $H_{2(g)} + 1/2\ O_{2(g)} \rightarrow H_2O_{(l)}$ $\Delta H = -286,3$

$H_2O_{(g)} \rightarrow H_2O_{(l)}$ $\Delta H = -43,9$ kJ/mol

C)   (4) $C_{(s)} + O_{2(g)} \rightarrow CO_{2(g)}$ $\Delta H = -393,5$

+   (2 inversée) $CO_{2(g)} + 2\ H_2O_{(l)} \rightarrow CH_{4(g)} + 2\ O_{2(g)}$

                                         $\Delta H = +890,4$

+   (3 inversée · 2) $2\ H_{2(g)} + O_{2(g)} \rightarrow 2\ H_2O_{(l)}$ $\Delta H = -572,6$

$C_{(s)} + 2\ H_{2(g)} \rightarrow CH_{4(g)}$ $\Delta H = -75,7$ kJ/mol

---

 REMARQUE   Il est important de bien comprendre pourquoi l'équation (1) ne peut pas être utilisée à la place de l'équation (3) pour résoudre cette équation: dans l'équation (1), l'eau est sous forme gazeuse ($H_2O_{(g)}$), tandis que dans l'équation (3) comme dans l'équation (2), l'eau est sous forme liquide ($H_2O_{(l)}$).

RÉPONSE

A) $\Delta H = 56,6$ kJ/mol

B) $\Delta H = -43,9$ kJ/mol

C) $\Delta H = -75,7$ kJ/mol.

VARIATION DE L'ÉNERGIE LORS DES RÉACTIONS CHIMIQUES

3

ÉNERGIE CHIMIQUE ET ENTHALPIE

L'**enthalpie** (*H*) correspond à la quantité d'énergie chimique interne propre à une substance. Cette énergie emmagasinée dans un composé chimique lors de sa formation dépend de sa structure fondamentale, de sa température et de l'état physique dans lequel il se trouve.

- La **variation d'enthalpie** (Δ*H*) d'une réaction chimique est la différence entre l'énergie contenue dans les produits de cette réaction et celle contenue dans les réactifs.

  variation d'entalpie = enthalpie des produits − enthalpie des réactifs

  $\Delta H = H_{\text{produits}} - H_{\text{réactifs}}$

  La valeur de la variation d'enthalpie est négative lorsqu'il s'agit d'une réaction exothermique. De l'énergie est libérée dans l'environnement et les produits ont une énergie interne plus faible que celle des réactifs.

  Dans une réaction endothermique, la variation d'enthalpie est positive. Les produits possèdent plus d'énergie que les réactifs.

  L'énergie totale d'un composé chimique existe sous deux formes différentes: l'énergie potentielle et l'énergie cinétique.

- L'**énergie potentielle** (**E**$_p$) réside dans les liens intermoléculaires et intramoléculaires, dans les liens ioniques et dans les liaisons nucléaires structurant les noyaux des atomes. L'énergie potentielle dépend donc de la structure et de la composition d'une subtance. L'énergie potentielle dépend aussi de la position des particules atomiques et moléculaires les unes par rapport aux autres et de la distance qui les sépare. Pour cette raison, on dit que l'énergie potentielle est une énergie de position.

• L'**énergie cinétique** (E_c) résulte des mouvements existant dans la matière elle-même. Ces mouvements sont de trois types: vibration, rotation et translation.

Exercices

26. (Obj. 3.1) La température est la mesure de l'énergie cinétique moyenne des particules. D'après cette définition, quels changements parmi les suivants correspondent à ce qui ce passe dans un morceau d'acier dont la température varie de 10 °C à 150 °C?

1. **L'énergie cinétique totale augmente**

2. **L'énergie cinétique de translation augmente**

3. **L'énergie potentielle diminue**

4. **Les particules solides vibrent avec plus d'intensité**

5. **L'énergie chimique totale demeure constante**

Choix de réponse:

    A) 1, 2 et 4   B) 2, 4 et 5

    B) 3 et 5   D) 1 et 4

    E) 5 seulement

SOLUTION

Aussi longtemps que l'acier demeure solide, seuls les mouvements de vibration des particules sont possibles. Comme la température de fusion de l'acier est assez élevée, l'énergie absorbée lorsque cette substance passe de 10 °C à 150 °C est totalement transformée en énergie cinétique. L'énergie cinétique totale augmente et les particules de métal vibrent avec plus d'intensité.

RÉPONSE

D)

27. (Obj. 3.2) Réécrivez les équations chimiques suivantes en incluant dans l'équation la valeur de l'énergie absorbée ou produite.

A) $1/2 \ H_{2(g)} + 1/2 \ Br_{2(l)} \rightarrow HBr_{(g)}$ $\Delta H = -36 \ kJ$

B) $I_{2(s)} + H_{2(g)} \rightarrow 2 \ HI_{(g)}$ $\Delta H = 51,9 \ kJ$

C) $1/2 \ N_{2(g)} + 1/2 \ O_{2(g)} \rightarrow NO_{(g)}$ $\Delta H = 90,0 \ kJ$

D) $N_2O_{5(g)} \rightarrow N_{2(g)} + 5/2 \ O_{2(g)}$ $\Delta H = -15 \ kJ$

SOLUTION

Les coefficients fractionnaires doivent être transformés en nombres entiers en les multipliant par des constantes appropriées. Les valeurs négatives de ΔH (équations exothermiques) sont insérées au niveau des produits, tandis que les valeurs positives (équations endothermiques) sont inscrites avec les réactifs.

Exemple:

A) $2 \cdot [\ 1/2 \ H_{2(g)} + 1/2 \ Br_{2(l)} \rightarrow HBr_{(g)}$ $\Delta H = -36 \ kJ]$

     $H_{2(g)} + Br_{2(g)} \rightarrow 2 \ HBr_{(g)}$ $\Delta H = -72 \ kJ$

     $H_{2(g)} + Br_{2(g)} \rightarrow 2 \ HBr_{(g)} + 72 \ kJ$

RÉPONSE

A) $H_{2(g)} + Br_{2(l)} \rightarrow 2 \ HBr_{(g)} + 72 \ kJ$

B) $I_{2(s)} + H_{2(g)} + 51,9 \ kJ \rightarrow 2 \ HI_{(g)}$

C) $N_{2(g)} + O_{2(g)} + 180 \ kJ \rightarrow 2 \ NO_{(g)}$

D) $2 \ N_2O_{5(g)} \rightarrow 2 \ N_{2(g)} + 5 \ O_{2(g)} + 30 \ kJ$

28. (Obj. 3.2) Complétez les énoncés à l'aide des termes suivants: diminue, augmente, réactifs, produits, ne varie pas, absorbée, dégagée, négatif(ive), positif(ive), nul(le).

A) La variation d'enthalpie, ΔH, d'une réaction exothermique est _____ ; les ~~produit~~ contiennent moins d'énergie que les ~~réactif~~.

B) La variation d'enthalpie, ΔH, d'une réaction endothermique est ~~peaits~~ ; l'énergie est ~~absorbe~~ par les réactifs.

C) Dans une réaction exothermique, de l'énergie est ~~dég~~ , celle-ci devrait donc être emmagasinée dans les ~~réacti~~.

RÉPONSE

A) négative; produits; réactifs

B) positive; absorbée

C) dégagée; réactifs

29. (Obj. 3.1, 3.2) Vrai ou faux? *vrai*

A) La chaleur d'une réaction est toujours égale à la somme des enthalpies des produits moins la somme des enthalpies des réactifs.

B) Lors d'une réaction exothermique, les réactifs ont une enthalpie plus élevée que les produits. *vrai*

C) L'énergie interne d'une substance chimique peut être facilement déterminée de façon expérimentale. *vrai*

D) Une variation d'enthalpie positive indique qu'il y a eu dégagement d'énergie au cours de la réaction. *faux*

E) L'énergie interne d'une substance se présente toujours sous trois formes: l'énergie potentielle, l'énergie cinétique et l'énergie thermique.

SOLUTION ET RÉPONSE

A) Vrai; $\Delta H = H_{\text{produits}} - H_{\text{réactifs}}$

B) Vrai; la chaleur libérée lors d'une réaction exothermique provient de l'énergie emmagasinée dans les réactifs.

C) Faux; la valeur absolue de l'énergie interne d'une substance chimique peut être très difficile, sinon impossible à déterminer expérimentalement. Ce qu'on peut toutefois mesurer, ce sont les changements intervenant à cette énergie interne, c'est-à-dire la variation de l'enthalpie.

D) Faux; un ΔH positif indique plutôt que le système a absorbé de l'énergie au cours de la réaction. Les produits contiennent plus d'énergie que les réactifs.

E) Faux; l'énergie potentielle et cinétique sont les deux composantes de l'énergie interne d'une substance chimique.

REPRÉSENTATION GRAPHIQUE

Une réaction chimique entre deux substances s'effectue toujours selon le même scénario: deux particules réactives s'approchent l'une de l'autre, leurs énergies potentielles augmentent jusqu'à ce qu'elles entrent en collision. Si leurs énergies sont suffisamment grandes lors de la collision et que celle-ci s'effectue selon une certaine orientation, il y aura réaction chimique et formation de nouveaux produits.

- **Complexe activé [C.A.]***

  Ce sont des molécules instables possédant une haute énergie potentielle et qui se transforment rapidement en composés plus stables. Les complexes activés sont des structures chimiques intermédiaires entre les réactifs et les produits. Leur durée de vie étant extrêmement courte, les complexes activés sont difficiles à étudier.

- **Énergie d'activation (E_a)**

  C'est le niveau d'énergie minimum que doivent posséder les particules réactives pour que la réaction puisse se produire et qu'il y ait formation d'un complexe activé. La valeur de l'énergie d'activation d'une réaction correspond à la différence entre l'énergie du complexe activé et celle des réactifs.

- **Collision efficace**

  C'est une collision entre réactifs qui donne naissance à un complexe activé. Pour qu'une collision efficace ait lieu, il faut que les particules possèdent suffisamment d'énergie et que les réactifs soient bien orientés l'un par rapport à l'autre.

- **Collision élastique**

  C'est une collision qui ne conduit pas à la formation d'un complexe activé. À la suite d'une collision élastique, les réactifs ne sont pas transformés chimiquement et conservent leurs caractéristiques propres.

  Les variations d'énergie qui ont lieu lors d'une réaction chimique sont représentées par un

diagramme d'énergie potentielle. Plusieurs informations importantes peuvent être tirées de ces graphiques.

Exemple:

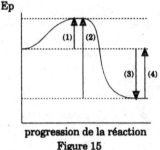

progression de la réaction
Figure 15

(1): énergie d'activation de la réaction directe

(2): énergie d'activation de la réaction inverse

(3): variation d'enthalpie (ΔH) de la réaction directe

(4): variation d'enthalpie (ΔH) de la réaction inverse

La plupart des réactions chimiques se font en plusieurs étapes simples impliquant toujours la collision de deux molécules. L'ensemble de ces étapes qui n'apparaissent pas dans l'équation globale de la réaction constitue ce qu'on nomme le **mécanisme réactionnel** d'une réaction chimique. À chacune des étapes du mécanisme réactionnel correspond la formation d'un complexe activé qui possède sa propre énergie d'activation. L'étape la plus lente d'un mécanisme réactionnel est toujours celle dont l'énergie d'activation est la plus élevée.

Exemple:

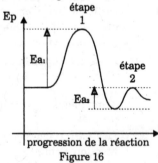

progression de la réaction
Figure 16

L'énergie d'activation de l'étape 1 (E_{a1}) est plus élevée que celle de l'étape 2 (E_{a2}). L'étape 1 est donc l'étape la plus lente et sera déterminante dans le déroulement du mécanisme réactionnel.

Exercices

30. (Obj. 3.3) Le graphique suivant représente la variation de l'énergie potentielle au cours d'une certaine réaction chimique.

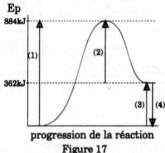

Figure 17

A) Identifiez ce que représente chacun des vecteurs numérotés et donnez leur valeur numérique.

B) Quel est le sens de la réaction exothermique, direct ou inverse?

RÉPONSE

A) (1): énergie d'activation de la réaction directe

$E_{a\ directe}$ = 884 kJ – 0 kJ = 884 kJ

(2): énergie d'activation de la réaction inverse

$E_{a\ inverse}$ = 884 kJ – 362 kJ = 522 kJ

(3): variation d'enthalpie de la réaction directe

$\Delta H_{directe}$ = 362 kJ – 0 kJ = 362 kJ

(4): variation d'enthalpie de la réaction inverse

$\Delta H_{inverse}$ = 0 kJ – 362 kJ = –362 kJ

B) La réaction exothermique est la réaction inverse.

31. (Obj. 3.3) Laquelle de ces affirmations est fausse?

A) **La chaleur absorbée ou produite lors d'une réaction chimique dépend de la grandeur de son énergie d'activation.**

B) **Les réactions spontanées possèdent de faibles énergies d'activation.**

C) **Une variation d'enthalpie négative indique qu'il y a eu dégagement d'énergie au cours de la réaction.**

D) **Il y a toujours dégagement d'énergie lorsqu'un complexe activé se transforme en composés plus stables.**

E) **Une collision entre deux particules réactives n'est pas toujours efficace même si leur énergie cinétique est suffisamment élevée.**

SOLUTION

L'affirmation A) est fausse; la chaleur d'une réaction (ΔH) dépend uniquement de la différence existant entre l'enthalpie des produits et celle des réactifs.

RÉPONSE

A) La chaleur absorbée ou produite lors d'une réaction chimique dépend de la grandeur de son énergie d'activation.

32. (Obj. 3.3) Observez le graphique suivant.

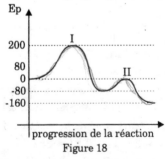

Figure 18

Lesquelles des affirmations suivantes ne correspondent pas au mécanisme réactionnel décrit par ce graphique?

A) Les produits de la réaction auront une faible stabilité comparés aux réactifs.

B) Le ΔH de la réaction globale est de -160 kJ.

C) Au cours de ce mécanisme réactionnel, il y a formation d'au moins deux complexes activés.

D) Le chiffre II représente l'étape limitante de ce mécanisme réactionnel.

E) Dans un calorimètre, cette réaction provoquerait une augmentation de la température.

SOLUTION

A) La valeur du ΔH d'une réaction est une mesure de la stabilité relative des produits et des réactifs. Une valeur de ΔH négative, telle que représentée par cette courbe, indique donc une stabilité des produits supérieure à celle des réactifs. La valeur de ΔH est inversement proportionnelle à la stabilité des produits.

B) $\Delta H = H_{produits} - H_{réactifs}$

$\Delta H = -160$ kJ $- 0$ kJ $= -160$ kJ

C) Les deux pics, I et II, de la courbe représentent chacun la formation d'un complexe activé.

D) L'étape limitante est toujours celle dont l'énergie d'activation est la plus élevée. L'énergie d'activation nécessaire à la formation du complexe activé I (200 kJ) est plus grande que celle de la deuxième étape (80 kJ). L'étape limitante correspond donc au pic I et non II.

E) Cette réaction étant exothermique ($\Delta H = -160$ kJ), l'eau d'un calorimètre serait effectivement réchauffée par l'énergie dégagée.

RÉPONSE

Les affirmations A) et D) ne s'appliquent pas au mécanisme réactionnel décrit par le graphique.

33. (Obj. 3.3) Le graphique suivant représente un certain mécanisme réactionnel. Quel chiffre correspond à l'étape

qui sera déterminante pour la vitesse à laquelle se déroulera ce procédé chimique?

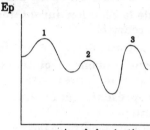

progression de la réaction

Figure 19

SOLUTION

L'étape qui détermine la vitesse à laquelle s'effectue un mécanisme réactionnel est toujours celle dont l'énergie d'activation est la plus élevée. Cette étape est la plus lente et affecte le déroulement de tout le mécanisme réactionnel. L'énergie d'activation se mesure d'après la position des réactifs avant le pic correspondant à l'énergie du complexe activé. L'étape qui possède la plus haute énergie d'activation est l'étape 3.

RÉPONSE

3

34. (Obj. 3.3) Associez un des termes suivants à chacune des définitions. Chaque terme peut être utilisé plus d'une fois.

Complexe activé; efficace; élastique; énergie d'activation, énergie cinétique; énergie potentielle; mécanisme réactionnel.

A) **Molécule instable, intermédiaire entre les produits et les réactifs.**

B) **Niveau d'énergie minimum permettant la formation du complexe activé.**

C) **Résultat d'une collision efficace.**

D) **Qualificatif donné à une collision ne produisant pas de transfert d'énergie ni de modification chimique.**

E) Suite d'étapes simples impliquant la collision d'au moins deux molécules.

F) Type d'énergie qui augmente lorsque deux molécules s'approchent l'une de l'autre.

RÉPONSE

A) complexe activé

B) énergie d'activation

C) complexe activé

D) élastique

E) mécanisme réactionnel

F) énergie potentielle

1. Classez les réactions suivantes selon la nature du phénomène (chimique ou physique) et selon leur comportement énergétique (endothermique ou exothermique).

1. $H_{2(g)} + 1/2\ O_{2(g)} \rightarrow H_2O_{(l)} + Q$

2. Un morceau de magnésium (Mg) réagit dans l'air en produisant une lumière blanche.

3. $H_2O_{(s)} + Q \rightarrow H_2O_{(l)}$.

4. Une substance solide se sublime à –69 °C.

5. La congélation des aliments.

6. La compression de l'air dans un récipient augmente la température du mélange.

Choix de réponse:

A) 1 et 2 sont des phénomènes chimiques, endothermiques.

B) 2 et 4 sont des phénomènes physiques, endothermiques.

C) 1 et 5 sont des phénomènes chimiques, exothermiques.

D) 5 et 6 sont des phénomènes physiques, exothermiques.

2. Parmi les activités suivantes, identifiez des applications technologiques qui utilisent de l'énergie chimique à des fins récréatives.

1. Jouer aux échecs.

2. Se promener en motoneige.

3. Assister à un spectacle de pièces pyrotechniques.

4. Faire de la photographie.

5. Faire du vélo.

6. Utiliser une torche lumineuse pour signaler un accident.

7. Faire de la planche à voile.

A) 2, 3 et 4   C) 4, 5 et 6

B) 1, 3 et 7   D) 1, 2 et 7

---

* Les questions de ce prétest proviennent des examens antérieurs de fin d'études secondaires du ministère de l'Éducation et de la Commission scolaire Taillon.

---

3. Vous faites une expérience en deux étapes afin de vérifier les phénomènes thermiques d'une réaction.

Première étape

Vous chauffez délicatement une éprouvette contenant 1,00 g d'un solide bleu. Vous constatez que des gouttelettes d'eau se forment sur les parois de l'éprouvette et que le solide bleu devient gris. Vous laissez refroidir l'éprouvette.

Deuxième étape

Vous ajoutez quelques gouttes d'eau dans l'éprouvette refroidie. Vous constatez que le solide retrouve sa couleur initiale et que l'éprouvette devient très chaude.

Quelle conclusion pouvez-vous tirer de cette expérience?

A) Il s'est produit un phénomène exothermique à la première étape et un phénomène endothermique à la deuxième.

B) Il s'est produit un phénomène endothermique à la première étape et un phénomène exothermique à la deuxième.

C) Il s'est produit un phénomène endothermique à chacune des deux étapes.

D) Il s'est produit un phénomène exothermique à chacune des deux étapes.

4. Le diagramme ci-dessous illustre la variation d'enthalpie d'une réaction.

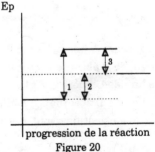

Figure 20

D'après ce diagramme, quel énoncé est vrai?

A) La flèche 1 représente la chaleur de réaction.

B) La flèche 2 représente l'énergie d'activation directe de la réaction.

C) La flèche 3 représente la variation d'enthalpie de la réaction globale.

D) La réaction globale est endothermique.

5. Un calorimètre contient 100,0 mL d'eau à une température de 21,0 °C. Après y avoir fait dissoudre 2,69 g d'hydroxyde de potassium, $KOH_{(s)}$, la température de cette eau est passée à 27,0 °C. Quelle est la chaleur molaire de dissolution de l'hydroxyde de potassium?

A) $-6,5 \cdot 10^1$ J/mol   C) $-2,5 \cdot 10^3$ J/mol

B) $-1,1 \cdot 10^2$ J/mol   D) $-5,2 \cdot 10^4$ J/mol

6. La transformation du méthane, $CH_{4(g)}$, en propane, $C_3H_{8(g)}$, est représentée par l'équation suivante:

$3\ CH_{4(g)} \rightarrow C_3H_{8(g)} + 2\ H_{2(g)}$.

Quelle est la chaleur de réaction, ΔH, de cette transformation? (Utilisez les équations ci-dessous pour calculer ΔH.)

$C_{(s)} + 2\ H_{2(g)} \rightarrow CH_{4(g)}$ $\Delta H = -74,9$ kJ

$3\ C_{(s)} + 4\ H_{2(g)} \rightarrow C_3H_{8(g)}$ $\Delta H = -103,8$ kJ

A) $+120,9$ kJ   C) $-178,7$ kJ

B) $+28,9$ kJ   D) $-328,5$ kJ

7. Voici les valeurs énergétiques de quatre transformations réalisées en laboratoire.

1. Une substance gazeuse A libère 5 kJ/mol.

2. Une substance solide B absorbe 1850 kJ/mol.

3. Une substance liquide C libère 2523 kJ/mol.

4. Une substance liquide D absorbe 2,8 kJ/mol.

Lesquelles de ces transformations sont des phénomènes physiques?

A) 2 et 3   B) 1 et 3

C) 2 et 4   D) 1 et 4

8. En vous référant à la liste des phénomènes suivants, identifiez les changements qui sont ENDOTHERMIQUES.

1. Le pliage d'un tube de verre
2. La combustion du bois
3. $C_{12}H_{22}O_{11(s)} + chaleur \rightarrow C_{12}H_{22}O_{11(aq)}$
4. L'électrolyse de l'eau
5. La congélation des aliments
6. $NaOH(s) \rightarrow Na^+_{(aq)} + OH^-_{(aq)} + chaleur$

A) 1, 3 et 4   B) 2, 5 et 6
C) 1, 2 et 3   D) 4, 5 et 6

9. Lors d'une expérience réalisée en laboratoire avec un calorimètre, on fait dissoudre 4,25 g de $NaNO_{3(s)}$ dans 50,0 mL d'eau distillée. La température de l'eau diminue de 6,0 °C.

Quelle quantité d'énergie aurait été transférée si l'on avait dissous une mole de $NaNO_{3(s)}$? (La chaleur massique de l'eau est égale à 4,19 J/kg.)

10. Une compagnie minière effectue régulièrement des tests de qualité sur le charbon qu'elle extrait.

Chaque test consiste à faire brûler un échantillon de 0,6 g de charbon, $C_{(s)}$, dans un calorimètre qui contient 200 mL d'eau à une température de 22,2 °C. La compagnie considère que la chaleur molaire de combustion pour le charbon de qualité est d'au moins −391 kJ/mol.

Quelle température minimale devrait atteindre l'eau dans le calorimètre si l'échantillon testé contient du charbon de qualité?

11. La dissolution de $Mg(OH)_{2(s)}$ est représentée par l'équation suivante:

$Mg(OH)_{2(s)} \rightarrow Mg^{2+}_{(aq)} + 2 OH^-_{(aq)} + 928$ kJ.

La neutralisation du $Mg(OH)_2$ en solution se fait selon l'équation:

$Mg^{2+}_{(aq)} + 2 OH^-_{(aq)} + 2 H^+_{(aq)} + 2 Cl^-_{(aq)} \rightarrow$
$2 H_2O_{(l)} + Mg^{2+}_{(aq)} + 2 Cl^-_{(aq)} + 202$ kJ

Quelle sera la chaleur molaire de la réaction suivante?

$Mg(OH)_{2(s)} + 2 H^+_{(aq)} + 2 Cl^-_{(aq)} \rightarrow$
$2 H_2O_{(l)} + Mg^{2+}_{(aq)} + 2 Cl^-(aq)$

Réactions chimiques:
vitesses de réaction

Vous devez savoir

- classifier des changements chimiques selon leur vitesse de réaction;
- exprimer mathématiquement des vitesses de réaction à partir de la loi d'action de masse;
- analyser les facteurs pouvant influencer la vitesse d'une réaction;
- expliquer à l'aide de la théorie cinétique et de la théorie des collisions l'effet de ces facteurs;
- exprimer graphiquement la relation entre la vitesse de réaction et l'énergie cinétique des particules.

1 - **Les vitesses de réaction (O.T. 1)**

2 - **Les facteurs influençant la vitesse d'une réaction (O.T. 2)**

3 - **Le développement des connaissances scientifiques sur les vitesses de réaction, l'environnement et les sociétés (O.T. 3)**

1 LES VITESSES DE RÉACTION

Tout comme la quantité d'énergie transférée, la vitesse à laquelle s'effectue une transformation chimique dans certaines conditions est une caractéristique propre à chaque réaction. Pour cette raison, l'étude des vitesses de réaction constitue un domaine important de la chimie expérimentale.

Les vitesses de réaction peuvent être classées qualitativement, selon leur vitesse apparente, de lente à explosive. Une réaction explosive s'effectue tellement rapidement qu'elle semble instantanée. D'autres réactions sont difficilement observables tellement elles sont lentes.

Pour définir quantitativement la vitesse d'une réaction, il est nécessaire de mesurer la quantité de réactifs transformée en produit par unité de temps. Il suffit cependant de vérifier la vitesse de transformation d'une seule substance impliquée dans la réaction pour connaître la vitesse de la réaction globale.

Les techniques utilisées pour observer la vitesse d'une transformation chimique dépendent du type de réaction étudié. Les unités employées pour décrire les vitesses de réaction varient selon les méthodes de mesure utilisées.

Exemples: grammes de produits / seconde

moles de réactif consommées / minute

variation de la pression / heure

etc.

Exercices

1. (Obj. 1.1) La formation de diamant ($C_{diamant}$) à partir de graphite ($C_{graphite}$) est un phénomène chimique tellement lent qu'il est très difficile de déterminer la vitesse à laquelle il s'effectue.

Donnez un autre exemple de processus chimique particulièrement lent.

SOLUTION

Les réactions chimiques très lentes passent souvent inaperçues. Plusieurs réponses sont toutefois possibles. Pensez à tous les phénomènes chimiques se produisant naturellement dans votre environnement.

RÉPONSE

- La décomposition du bois
- L'oxydation des métaux
- La formation du pétrole
- La croissance des arbres
- Etc.

2. (Obj. 1.1) La neutralisation d'un acide en solution par une base s'effectue quasi instantanément à la température de la pièce.

Acide + base → H_2O + sel

La rapidité de cette réaction rend difficile l'estimation de sa vitesse. Donnez un autre exemple d'une réaction très rapide.

SOLUTION

Les réactions chimiques les plus spectaculaires sont celles qui s'effectuent rapidement. Les exemples sont nombreux: toutes les réactions explosives, les réactions de combustions vives, etc. De façon générale, les réactions entre liquides et gaz sont plus rapides que celles mettant en jeu des solides.

RÉPONSE

- L'explosion de trinitrotoluène (TNT)
- L'explosion de feux d'artifice
- La combustion du sodium
- La combustion de magnésium en poudre
- La précipitation d'un soluté
- Etc.

REMARQUE Un explosif est une substance préparée dans le but de réagir extrêmement rapidement en dégageant puissamment des gaz et de l'énergie thermique. Dans certaines conditions particulières, des substances apparemment inoffensives peuvent toutefois se comporter comme un explosif. Ainsi, la poussière de charbon s'accumulant dans un espace clos comme une mine peut s'enflammer rapidement en produisant une puissante explosion. Ce type d'explosion nommé «coup de grisou» a souvent des conséquences dramatiques pour les mineurs.

---

3. (Obj. 1.1) Soit la réaction suivante:

$Mg_{(s)} + 2\ HCl_{(l)} \rightarrow MgCl_{2(aq)} + H_{2(g)}$.

Lesquelles des expressions suivantes pourraient être utilisées pour exprimer la vitesse de cette réaction?

1. L'augmentation de la pression en fonction du temps à volume constant.
2. L'augmentation du volume de gaz en fonction du temps à pression constante.
3. La diminution de la masse de magnésium ($Mg_{(s)}$) en fonction du temps.
4. L'augmentation de la concentration de $MgCl_{2(aq)}$ en fonction du temps.

    A) 1, 2 et 4   B) 4 seulement

    C) 3 et 4   D) 1, 2, 3 et 4

SOLUTION

On évalue la vitesse d'une réaction chimique en mesurant la diminution de la quantité de réactifs ou l'augmentation de celle des produits durant un certain temps. Une même vitesse de réaction peut donc être formulée de différentes façons selon la méthode choisie.

Tous les choix de réponse de l'exercice 3 expriment correctement, mais de différentes façons, la vitesse de la réaction entre le magnésium et l'acide chlorhydrique. En 1) et 2), la vitesse de la réaction est donnée en fonction de la vitesse d'apparition d'un des produits, l'hydrogène gazeux. En 3), la diminution de la quantité de magnésium permet d'évaluer la cinétique de la réaction tandis qu'en 4), c'est l'augmentation de la concentration d'un des produits qui est utilisée.

RÉPONSE

D) 1, 2, 3 et 4

4. (Obj. 1.1) Soit l'équation chimique suivante:

$H_{2(g)} + Cl_{2(g)} \rightarrow 2\ HCl_{(g)}$.

Quels énoncés parmi les suivants expriment correctement la vitesse de cette réaction?

A) **La quantité de chlore (Cl_2) produite par unité de temps.**

B) **L'augmentation de la pression totale en fonction du temps.**

C) **Le volume de chlore consommé par unité de temps.**

D) **La quantité d'acide chlorhydrique (HCl) produite par unité de temps.**

E) **La masse de HCl produite au cours de la réaction.**

SOLUTION

Contrairement au problème précédent, la variation de la pression totale du système ne peut pas être utilisée pour exprimer la vitesse de la réaction entre l'hydrogène (H_2) et le chlore (Cl_2). La stœchiométrie de la réaction nous informe que deux moles de gaz sont produites à partir de deux moles de réactifs gazeux. La pression totale ne varie donc pas au cours de la réaction.

Parmi les différents choix de réponse, seules la mesure du volume de chlore consommé et la quantité de HCl produite peuvent nous informer sur la vitesse de cette réaction.

RÉPONSE

C) et D)

5. (Obj. 1.1) Proposez deux façons d'exprimer la vitesse de la réaction suivante:

$2\ HI_{(s)} \rightarrow H_{2(g)} + I_{2(g)}.$

SOLUTION

Encore ici, plusieurs réponses sont possibles.

Souvenez-vous que vos réponses doivent exprimer:

- la diminution de la concentration ou de la masse des réactifs en fonction du temps;

- l'augmentation de la concentration ou de la masse d'un des produits en fonction du temps;

- la variation en fonction du temps du volume ou de la pression exercée par une des substances prenant part à la réaction.

RÉPONSE

- La diminution de la masse de HI en fonction du temps.

- L'augmentation du volume de gaz par unité de temps à pression constante.

- L'augmentation de la pression par unité de temps à volume constant.

- L'augmentation de la masse de produits en fonction du temps.

- Etc.

Vitesses moyenne et instantanée

- La **vitesse moyenne** d'une réaction est obtenue en divisant la quantité totale de réactifs transformés par le temps qu'il a fallu pour compléter la réaction.

Par exemple, si 90 secondes ont été nécessaires pour décomposer 4,5 moles de C_2H_4, la vitesse moyenne de cette réaction est de $\dfrac{4,5 \text{ moles}}{90 \text{ secondes}}$ soit 0,05 mol/sec.

- La **vitesse instantanée** exprime le taux de transformation de réactifs en produits à un moment précis de la réaction. Elle est calculée à l'aide de la **loi d'action de masse**. Il est à noter que la valeur de la vitesse instantanée d'une réaction peut être très différente de celle de sa vitesse moyenne.

- **Loi d'action de masse**: À température constante, la vitesse instantanée d'une réaction est directement proportionnelle au produit des concentrations molaires des réactifs multipliées par une constante de proportionnalité. Chaque concentration est affectée d'un exposant qui correspond au nombre de moles de cette substance dans l'équation balancée.

Exemple 1: $2\ CO_{(g)} + O_{2(g)} \rightarrow 2\ CO_{2(g)}$

$V_{instantanée} = k \cdot [CO]^2 \cdot [O_2]$

k: constante de proportionnalité ou constante de vitesse

Exemple 2: $2\ NO_{2(g)} \rightarrow O_{2(g)} + 2\ NO_{(g)}$

$V_{instantanée} = k \cdot [NO_2]^2$

Note

La constante de vitesse sert à transformer en équation la relation de proportionnalité qui existe entre la vitesse et la concentration des réactifs. La valeur et les unités de cette constante dépendent de la réaction étudiée.

---

6. **(Obj. 1.2) Soit la réaction suivante entre le zinc (Zn) et l'acide chlorhydrique à TPN:**

$Zn_{(s)} + 2\ HCl_{(aq)} \rightarrow H_{2(g)} + ZnCl_{2(aq)}$.

Considérant que 194 g de zinc ont été consommés durant les 10 minutes qu'a duré la réaction, calculez la vitesse moyenne de cette réaction:

0,323

A) en grammes de zinc (Zn) utilisés par seconde (g/s).

B) en litres d'hydrogène produits par minute (L/min).

SOLUTION ET RÉPONSE

La vitesse moyenne d'une réaction correspond à la variation de la quantité (en grammes, en moles ou en litres) d'un des réactifs ou des produits divisée par le temps total nécessaire à la réaction.

A) Durant la réaction, 194 grammes de zinc ont été transformés en 10 minutes.

$$\frac{194\,g}{10\,min} = \frac{194\,g}{600\,s} = 0,323\,^g\!\!/_s$$

$V_{moyenne} = 0,323$ g/s

B) À l'aide de la masse de zinc consommée durant la réaction, nous pouvons obtenir le nombre de moles d'hydrogène produites.

Il faut premièrement trouver le nombre de moles de zinc consommées durant la réaction.

$$\frac{194\,g\,de\,Zn}{65,4\,^g\!\!/_{mol}} = 2,97\,mol \approx 3 \text{ moles de zinc consommées}$$

La stœchiométrie de la réaction nous indique que pour chaque mole de zinc (Zn) consommée, une mole d'hydrogène gazeux ($H_{2(g)}$) est produite.

3 moles de zinc consommées → 3 moles d'hydrogène produites

À TPN, 1 mole de gaz ⇔ 22,4 l

3 moles de $H_{2(g)}$ ⇔ 67,2 l

$$V_{moyenne} = \frac{\text{Volume total produit}}{\text{temps (min)}} = \frac{67,2\,L}{10\,min} = 6,72\,^L\!\!/_{min}$$

7. (Obj. 1.2) À l'aide d'une formule, représentez la <u>vitesse instantanée</u> des réactions suivantes selon la loi d'action de masse.

A) $C_2H_{4(g)} + 3\,O_{2(g)} \rightarrow 2\,CO_{2(g)} + 2\,H_2O_{(g)}$

B) $2\,NO_{(g)} \rightarrow N_{2(g)} + O_{2(g)}$

C) $H_{2(g)} + I_{2(g)} \rightarrow 2\,HI_{(g)}$

D) $2\,A_{(aq)} + 3\,B_{(aq)} + C_{2(aq)} \rightarrow A_2B_2C_{(aq)} + BC_{(aq)}$

E) $N_{2(g)} + 3 H_{2(g)} \rightarrow 2 NH_{3(g)}$

F) $Mg_{(s)} + 2 HCl_{(aq)} \rightarrow MgCl_{2(aq)} + H_{2(g)}$

RÉPONSE

A) $V = k[C_2H_4][O_2]^3$

B) $V = k[NO]^2$

C) $V = k[H_2][I_2]$

D) $V = k[A]^2[B]^3[C_2]$

E) $V = k[N_2][H_2]^3$

F) $V = k[HCl]^2$

Note: En F), la vitesse de la réaction ne dépend que de la concentration de l'acide chlorhydrique (HCl). Le magnésium est sous forme solide et sa concentration ne varie pas au cours de la réaction. Pour cette raison, les réactifs sous forme liquide et solide ne sont jamais inclus dans les équations de vitesse. On considère que la valeur de leur concentration est intégrée dans celle de la constante de vitesse.

8. (Obj. 1.2) Dans un laboratoire de chimie, quatre équipes d'étudiants réalisent la même réaction chimique. Cette réaction est représentée par l'équation suivante :

$N_{2(g)} + 2 O_{2(g)} \rightarrow 2 NO_{2(g)}$.

Le tableau ci-dessous résume les concentrations des réactifs utilisées par chacune des équipes au début de la réaction.

Équipe	$[N_2]$	$[O_2]$
Michel	1,25 mol/L	1,25 mol/L
Éric	2,4 mol/L	0,75 mol/L
Odette	2,0 mol/L	1,2 mol/L
Lucie	0,5 mol/L	2,2 mol/L

La constante de vitesse de cette réaction est de $4,25 \dfrac{l^3}{s \cdot mol^2}$.

Les étudiants de l'équipe d'Éric disent avoir le mélange réactionnel le plus rapide. Ont-ils raison?

Donnez tous les détails de votre démarche.

SOLUTION ET RÉPONSE

On ne peut pas évaluer la vitesse d'une réaction seulement en comparant les concentrations initiales des réactifs. Vous devez calculer les vitesses instantanées initiales de chaque mélange réactionnel en utilisant la loi d'action de masse.

$V = k[N_2][O_2]^2$

À l'aide de cette formule, il devient possible de calculer et de comparer les vitesses initiales de chacune des quatre équipes.

Exemple de calcul: $V = k[N_2][O_2]^2$

$$V_{Michel} = 4,25 \frac{l^3}{s \cdot mol^2} \cdot 1,25\,mol/L \cdot \left(1,25\,mol/L\right)^2$$

$V_{Michel} = 8,30$ mol/s

Le calcul des vitesses instantanées de chaque équipe indique que l'équipe d'Éric a le mélange réactionnel le plus lent. L'équipe d'Odette a le mélange le plus rapide.

Équipe	Vitesse initiale
Michel	8,30 mol/s
Éric	5,74 mol/s
Odette	12,24 mol/s
Lucie	10,29 mol/s

2 LES FACTEURS INFLUENÇANT LA VITESSE D'UNE RÉACTION

La théorie cinétique et la théorie des collisions permettent d'expliquer de quelles façons certains facteurs interviennent dans la vitesse d'une réaction chimique.

Selon la théorie des collisions, pour qu'une réaction ait lieu, il faut que:

- les particules réactives entrent en collision;

- la collision libère suffisamment d'énergie pour permettre la transformation des réactifs en produit. C'est ce que l'on appelle une **collision efficace** contrairement à une **collision élastique** qui ne provoque aucun changement chimique.

Les collisions efficaces représentent seulement une fraction de toutes les collisions intervenant entre les particules réactives. La vitesse d'une réaction dépend du nombre de collisions efficaces par unité de temps.

- **Nature des réactifs:** Des réactifs différents ont des vitesses de réaction différentes. Par exemple, la vitesse de la réaction d'un acide avec un métal tel le magnésium (Mg) dépend du type d'acide utilisé (HCl, H_2SO_4, HI, etc.). Certaines substances sont chimiquement très actives lorsqu'elles sont mélangées, tandis que d'autres semblent inertes tellement leur vitesse de réaction est lente. Ces comportements particuliers s'expliquent en partie par la différence d'énergie interne des substances qui participent aux réactions mais aussi par le nombre et la force des liens chimiques qui doivent être brisés pour que la réaction s'effectue.

La vitesse d'une réaction dépend aussi de l'état physique des réactifs. De façon générale, la réactivité des substances chimiques varie selon cet ordre:

SOLIDE ⟨ LIQUIDE ⟨ GAZ ⟨ AQUEUX.

Note: La dissociation ionique des réactifs en solution et la grande liberté de mouvement des particules expliquent la forte réactivité chimique en milieu aqueux.

- **Température:** Une élévation de la température provoque, de façon générale, l'accroissement de la vitesse des transformations chimiques. Bien des réactions ne sont apparentes qu'à partir d'une certaine température.

  Une hausse de température accroît la vitesse d'une réaction chimique de deux façons:

  - les particules réactives se déplaçant plus rapidement à une température élevée, le nombre de collisions par unité de temps augmente;

  - la proportion de particules possédant une énergie égale ou supérieure à la valeur de l'énergie d'activation est plus importante à une température élevée.

- **Concentration des réactifs:** La vitesse d'une réaction chimique est proportionnelle à la concentration des réactifs, c'est-à-dire à la masse de réactif par unité de volume et non simplement à la masse totale.

  L'augmentation de la concentration des réactifs réduit la distance existant entre les particules réactives et accroît ainsi les chances de collisions.

- **Surface de contact:** La surface de contact est le lieu de rencontre des différents réactifs d'un mélange réactionnel. C'est l'endroit précis où se produisent les collisions entre particules réactives. Une plus grande surface de contact implique qu'un plus grand nombre de particules peuvent entrer en collision et réagir. La vitesse d'une réaction est donc proportionnelle à l'étendue de la surface de contact entre les réactifs.

  On considère qu'une réaction s'effectuant entre deux gaz ou entre deux liquides miscibles n'a pas de surface de contact définie. Dans ces réactions, toute la masse des réactifs est prête à réagir.

Note: L'étendue de la surface de contact est particulièrement déterminante pour la vitesse d'une réaction lorsque les réactifs ne sont pas dans un même état physique. (Ex. : gaz et solide, liquide et solide, gaz et liquide, etc.)

• **Présence d'un catalyseur:** Un catalyseur est une substance qui affecte la vitesse d'une réaction sans être transformée ou modifiée par celle-ci. Les catalyseurs favorisent la formation de complexes activés en abaissant la valeur de l'énergie d'activation. Ceci augmente la proportion de collisions efficaces. L'effet d'un catalyseur est spécifique à chaque réaction. Une certaine substance peut activer la vitesse d'une réaction et n'avoir aucun effet dans une autre réaction.

On indique qu'une réaction est catalysée en inscrivant le symbole chimique du catalyseur au-dessus de la flèche de l'équation chimique.

Ex: $2 \ KClO_{3(s)} + Q \xrightarrow{MnO_2} 2 \ Kcl_{(s)} + 3O_{2(g)}$

Note: Il existe des **catalyseurs négatifs** qui ont comme effet de ralentir la vitesse de certaines réactions en augmentant la valeur de leur énergie d'activation. En français, nous utilisons le terme «**inhibiteur**» pour désigner ces substances. L'expression «catalyseur» réfère donc habituellement à un catalyseur positif.

Exercices

9. (Obj. 2.2) Lesquels des facteurs suivants n'influencent pas la vitesse d'une réaction?

A) La nature des substances réagissantes

B) La masse des réactifs

C) L'énergie cinétique des réactifs

D) Le volume de la solution

E) Le nombre de particules dans un volume donné

SOLUTION

Le volume d'une solution et la masse des réactifs ne sont pas des facteurs influençant la vitesse d'une réaction. L'augmentation de la masse de réactif n'a aucun effet si la concentration ou la surface de contact entre réactifs n'augmente pas.

RÉPONSE

B et D

10. (Obj. 2.1, 2.2) Proposez une façon de diminuer la vitesse des réactions chimiques suivantes.

A) La corrosion d'une automobile

B) Un chaudron en feu sur une cuisinière *température*

C) Le pourrissement des aliments

D) La décoloration d'un vêtement à l'aide d'eau de Javel

RÉPONSE

A) On peut limiter la corrosion d'une automobile en utilisant des matériaux qui sont peu ou pas affectés par la rouille (nature des réactifs) et en empêchant la rencontre de l'oxygène et du métal à l'aide de peinture ou d'une substance huileuse (surface de contact).

B) On doit bloquer l'arrivée d'oxygène (surface de contact) et fermer l'élément chauffant de la cuisinière (température). Dans certains cas, il suffit de couvrir le chaudron avec un couvercle mais dans des cas plus sérieux, l'utilisation d'un extincteur chimique peut s'avérer plus prudent.

C) La réfrigération des aliments ralentit leur pourrissement (température).

D) En diluant préalablement l'eau de Javel, on limite les dégâts pouvant être causés aux vêtements (concentration des réactifs).

11. (Obj. 2.2) Pour chaque paire de réactions, dites quelle réaction devrait s'effectuer le plus rapidement et pour quelle raison.

A) 1) $H_{2(g)} + O_{2(g)} \xrightarrow{Pt} H_2O_{(l)}$

2) $H_{2(g)} + O_{2(g)} \rightarrow H_2O_{(l)}$

B) 1) Combustion d'une laine d'acier dans une atmosphère normale.

2) Combustion d'une laine d'acier dans une atmosphère composée à 80 % d'oxygène.

C) 1) $H_{2(g)} + I_{2(s)} \rightarrow 2\ HI_{(g)}$

2) $H_{2(g)} + I_{2(g)} \rightarrow 2\ HI_{(g)}$

D) 1) 3 moles de $N_{2(g)}$ et de $O_{2(g)}$ dans un volume de 1 litre.

2) 2 moles de $N_{2(g)}$ et de $O_{2(g)}$ dans un volume de 0,5 litre.

SOLUTION

Trouvez premièrement ce qui différencie les deux réactions. Sont-elles à la même température? La concentration est-elle la même dans les deux cas? Etc.

A) Un symbole chimique placé au-dessus de la flèche dans une équation chimique indique qu'un catalyseur a été ajouté à la réaction. Le platine (Pt) est un puissant catalyseur de la réaction entre l'hydrogène (H_2) et l'oxygène (O_2). Sans catalyseur et dans des conditions normales, la vitesse de cette réaction est presque nulle.

B) Une combustion est toujours plus vive dans une atmosphère à haute concentration en oxygène que dans une atmosphère normale qui contient environ 21 % d'oxygène.

C) L'iode solide de l'équation 1 réagira plus lentement que l'iode gazeux de l'équation 2. Lors d'une réaction entre deux gaz, toute la masse des réactifs est disponible, tandis que la vitesse de réaction entre un solide et un gaz dépend de l'étendue de leur surface de contact.

D) La vitesse d'une réaction est proportionnelle à la concentration et non à la masse des réactifs.

La concentration des réactifs est plus élevée dans la réaction 2 (4 mol/l) que dans la réaction 1 (3 mol/l). La réaction 1 est donc plus lente même si elle contient une plus grande quantité de réactifs.

RÉPONSE

A) 1 : ajout d'un catalyseur

B) 2 : concentration des réactifs

C) 2 : surface de contact

D) 2 : concentration des réactifs

12. (Obj. 2.1) Associez un des termes suivants à chacune des définitions qui vous sont présentées.

Comburant; carburant; combustible; oxygène; combustion; chlore.

A) **Réaction avec l'oxygène produisant un dégagement de lumière et de chaleur.**

B) **Corps qui, par combinaison avec un autre, provoque la combustion de ce dernier.**

C) **Corps dont la combustion produit de l'énergie calorifique.**

D) **Phénomène chimique exothermique.**

E) **Substance contenant du carbone et de l'hydrogène dont la combustion peut être utilisée comme force motrice.**

F) **Comburant le plus couramment rencontré dans des réactions de combustion.**

RÉPONSE

A) combustion

B) comburant

C) combustible

D) combustion

E) carburant

F) oxygène

Tous les carburants sont des combustibles mais tous les combustibles ne sont pas des carburants. Le terme «combustible» est plus général et englobe le terme «carburant» qui est réservé aux substances pouvant être utilisées dans des moteurs à explosion ou à réaction.

13. (Obj. 2.1) Le «triangle du feu» est une représentation graphique des trois conditions nécessaires à une combustion.

Complétez le schéma suivant du triangle du feu en remplaçant chacune des lettres par un des termes suivants.

Oxygène; propane; essence; gaz naturel; solide; combustible; liquide; chaleur; charbon; électricité; comburant.

TRIANGLE DU FEU

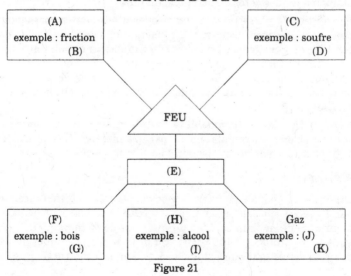

Figure 21

RÉPONSE

A) chaleur   B) électricité

C) comburant   D) oxygène

E) combustible   F) solide

G) charbon   H) liquide

I) essence   J) et K) propane et gaz naturel

14. (Obj. 2.1) En 1967, trois cosmonautes américains connurent une fin tragique lorsque la cabine de leur module spatial prit feu lors d'un vol simulé. Une simple étincelle aurait déclenché l'incendie dans les tableaux de bord constitués de matières plastiques. L'air de la cabine était alors composé strictement d'oxygène.

En utilisant vos connaissances des combustions, suggérez deux façons de réduire les risques d'incendie dans les cabines spatiales.

SOLUTION

Pour combattre ou prévenir un incendie, il faut toujours agir sur au moins un des côtés du «triangle du feu».

La solution la plus évidente aux risques d'incendie exposés dans l'exercice précédent concerne la réduction de la concentration de comburant, l'oxygène, à l'intérieur du simulateur de vol. Dans une atmosphère formée seulement d'oxygène, les combustions sont toujours plus vives et aussi plus faciles à amorcer comme le démontre le fait qu'une simple étincelle puisse déclencher un incendie.

La réduction de l'inflammabilité des plastiques qui ont servi de carburant ou leur remplacement par des métaux légers permettrait aussi de réduire les risques d'accidents graves.

RÉPONSE

Différentes réponses peuvent être envisagées. La solution retenue par l'agence spatiale américaine, la NASA, consista principalement à modifier l'atmosphère à l'intérieur de la cabine (60 % O_2 et 40 % N_2 plutôt que 100 % O_2) et d'utiliser des plastiques ayant des propriétés ignifuges plus élevées dans la construction de la cabine.

15. (Obj. 2.2) Répondez par vrai ou faux.

A) Un catalyseur n'affecte pas la chaleur de réaction (ΔH).

faux.

B) La vitesse d'une réaction chimique est souvent plus élevée au début de la réaction qu'à la fin.

C) La surface de contact entre deux liquides est toujours maximale. *vrai*

D) Une augmentation de la pression n'a aucun effet sur la vitesse d'une réaction entre liquides seulement.

E) La présence d'un catalyseur augmente la vitesse d'une réaction chimique en abaissant l'énergie minimale nécessaire à la formation d'un complexe activé.

SOLUTION ET RÉPONSE

A) Vrai; la chaleur de réaction (ΔH) est égale à la différence d'énergie existant entre les réactifs et les produits. Cette valeur n'est pas affectée par l'ajout d'un catalyseur.

B) Vrai; le taux de transformation de réactifs en produits dépend de la concentration initiale des réactifs. Cette concentration est toujours plus élevée au début de la réaction et diminue avec le temps. La vitesse de réaction diminue donc elle aussi avec la progression de la réaction.

C) Faux; deux liquides auront une surface de contact maximale seulement s'ils sont miscibles l'un dans l'autre. La surface de contact entre deux liquides non-miscibles, comme l'huile et l'eau, dépend de l'étendue de l'interface qui les sépare.

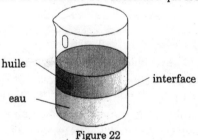

huile

eau

interface

Figure 22

D) Vrai; l'augmentation de la pression d'un mélange réactionnel gazeux aurait comme effet de rapprocher les particules réactives les unes des autres et d'accroître ainsi la vitesse de réaction. Toutefois, les liquides étant par nature incompressibles, les variations de pression n'ont aucune influence sur leur vitesse de réaction.

E) Vrai; l'ajout d'un catalyseur modifie le mécanisme réactionnel d'une réaction et favorise la formation de complexes activés en abaissant la valeur de l'énergie d'activation.

16. (Obj. 2.1) Un cube de métal dont les faces ont toutes 100 cm² de surface est partagé en huit petits cubes identiques.

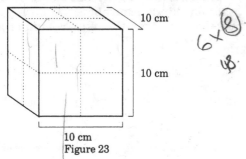

10 cm

10 cm

10 cm
Figure 23

La surface de contact entre le métal et son environnement immédiat devient ainsi:

A) deux fois plus grande

B) trois fois plus grande

C) quatre fois plus grande

D) huit fois plus grande

SOLUTION ET RÉPONSE

Surface totale du gros cube: $6 \cdot 100 \text{ cm}^2 = 600 \text{ cm}^2$.

Chacun des huit petits cubes a 6 faces de 25 cm² (100 cm² divisés par 4) pour une surface totale de 150 cm² ($6 \cdot 25 \text{ cm}^2$).

Les huit petits cubes représentent donc ensemble une surface de 1 200 cm² ($8 \cdot 150 \text{ cm}^2$), soit le double de celle du gros cube.

Ce problème vise à démontrer de quelle façon la surface d'un solide varie en fonction de son volume. On s'aperçoit qu'en subdivisant un solide, on augmente le rapport $\dfrac{\text{surface}}{\text{volume}}$.

Ce rapport est maximal lorsqu'un solide est en solution.

17. (Obj. 2.2) On attribue au chimiste Van't Hoff la paternité d'une règle qui permet d'évaluer approximativement la variation de la vitesse d'une réaction en fonction de la température. Selon cette règle, la vitesse d'une réaction double à chaque augmentation de 10 °C de la température du mélange réactionnel.

En vous servant de la règle de Van't Hoff, estimez combien de temps est nécessaire à la réalisation d'une certaine réaction à 20 °C si celle-ci s'effectuait en 6 heures à 100 °C.

SOLUTION

En passant de 100 °C à 20 °C, la température du mélange réactionnel diminue de 80 °C. Ceci correspond à huit baisses successives de 10 °C.

Selon la règle de Van't Hoff, la vitesse d'une réaction est coupée de moitié pour chaque diminution de la température de 10 °C. La vitesse de notre réaction diminuera donc huit fois de moitié et conséquemment, le temps nécessaire à sa réalisation doublera huit fois.

$$(2 \cdot 2 \cdot 2 \cdot 2 \cdot 2 \cdot 2 \cdot 2 \cdot 2) \cdot \left(t_{100\,°C}\right) = t_{20\,°C}$$

où:

$t_{100\,°C}$ = le temps nécessaire à la réalisation de la réaction à 100 °C

$t_{20\,°C}$ = le temps nécessaire à la réalisation de la réaction à 20 °C

D,où $t_{20\,°C} = 2^8 \cdot 6$ heures = 1536 heures

RÉPONSE

1 536 heures

18. (Obj. 2.2) Parmi les affirmations suivantes, lesquelles décrivent l'effet d'une hausse de température sur la vitesse d'une réaction chimique?

A) L'énergie nécessaire à la réaction (E_a) diminue.

B) Le nombre de molécules possédant une énergie égale ou supérieure à l'énergie d'activation augmente.

C) La chaleur de la réaction (ΔH) augmente.

D) Le nombre total de collisions augmente.

E) Le nombre de collisions élastiques diminue.

SOLUTION

Une hausse de température correspond à une augmentation de l'énergie cinétique moyenne des réactifs. Les particules se déplacent à plus grande vitesse et entrent plus fréquemment en collision entre elles. Le nombre total de collisions augmente.

Une température plus élevée fait aussi qu'une plus grande proportion de particules réactives possède une énergie égale ou supérieure à l'énergie d'activation.

RÉPONSE

B) et D)

Note: Une **courbe de distribution de l'énergie cinétique** est un graphique qui représente la distribution du nombre de molécules de réactifs en fonction de leur énergie.

Dans ce type de graphique, l'énergie d'activation et l'énergie cinétique moyenne des molécules sont représentées par des droites verticales coupant l'axe des "x".

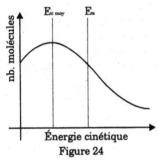

Figure 24

L'ensemble de l'espace situé sous la courbe correspond au nombre total de molécules de réactifs. L'espace sous la courbe et à droite de l'énergie d'activation correspond aux molécules ayant une énergie cinétique égale ou supérieure à l'énergie d'activation. Le rapport entre l'aire de cette région de l'espace et l'aire de la surface située sous la courbe à gauche de l'énergie d'activation nous informe directement sur la vitesse de la réaction étudiée. Un rapport élevé indique qu'une forte proportion de molécules possède suffisamment d'énergie pour réagir et que cette réaction sera rapide.

L'effet d'une hausse de température sur la vitesse d'une réaction est représenté graphiquement par un déplacement de la courbe vers la droite et l'augmentation de l'énergie cinétique moyenne. La valeur de l'énergie d'activation demeure la même mais la proportion de molécules possédant cette énergie augmente.

Les deux graphiques suivants représentent l'effet de l'augmentation de la concentration des réactifs et de l'ajout d'un catalyseur sur la vitesse d'une réaction.

En augmentant la concentration des réactifs (graphique a), on accroît le nombre total de molécules pouvant participer à la réaction. L'étendue de la surface sous la courbe augmente mais la valeur de l'énergie cinétique moyenne ne varie pas.

L'ajout d'un catalyseur (graphique b) a comme effet de déplacer la valeur de l'énergie d'activation. La droite verticale représentant l'énergie d'activation se déplace vers la gauche et une plus grande proportion de molécules possèdent l'énergie nécessaire pour réagir. La valeur de l'énergie cinétique moyenne n'est pas affectée par l'ajout d'un catalyseur.

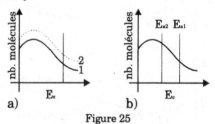

Figure 25

19. (Obj. 2.3) Le graphique suivant représente la distribution du nombre de molécules de réactifs en fonction de leur énergie.

Dites quelle région du graphique correspond aux molécules ayant suffisamment d'énergie pour produire des collisions efficaces.

SOLUTION

L'ensemble de l'espace (B et D) situé sous la courbe correspond au nombre total de molécules. L'espace situé sous la courbe et à droite de l'énergie d'activation (D) représente la fraction des molécules

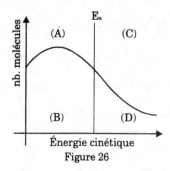

Figure 26

ayant une énergie cinétique égale ou supérieure à l'énergie d'activation. Ces molécules sont celles qui possèdent suffisamment d'énergie pour réagir.

RÉPONSE

La région représentée par la lettre D.

20. (Obj. 2.3) Soit les deux courbes suivantes représentant la même réaction effectuée dans des conditions différentes.

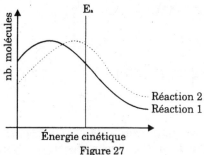

Figure 27

Parmi les affirmations suivantes, laquelle est vraie?

A) **La température à laquelle s'effectue la réaction 1 est plus élevée que celle de la réaction 2.**

B) **La température à laquelle s'effectue la réaction 2 est plus élevée que celle de la réaction 1.**

C) **La réaction 2 est catalysée.**

D) **La concentration des réactifs est plus élevée dans la réaction 2.**

SOLUTION

La translation de la courbe de distribution d'énergie vers la droite est caractéristique d'une hausse de température. Ce graphique présente donc la variation de l'énergie cinétique des réactifs d'une même réaction, mais effectuée à deux températures différentes.

En comparant l'aire des surfaces sous la courbe à droite de la verticale représentant l'énergie d'activation, on peut voir qu'une plus grande proportion de molécules ont une énergie élevée dans la réaction 2 que dans la réaction 1. Ceci indique que la réaction 2 est celle qui a été réalisée à la température la plus élevée.

RÉPONSE

B) La température à laquelle s'effectue la réaction 2 est plus élevée que celle de la réaction 1.

21. (Obj. 2.3) Les courbes de distribution d'énergie cinétique suivantes représentent quatre réactions différentes. Selon vous, quelle réaction est la plus rapide?

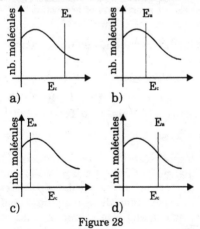

Figure 28

SOLUTION

Dans un graphique de distribution d'énergie, la surface située sous la courbe et à droite de la valeur de l'énergie d'activation représente la proportion de molécules ayant une énergie cinétique assez élevée pour réagir entre elles. Plus cette surface est grande, plus le pourcentage de molécules possédant une quantité d'énergie égale ou supérieure à l'énergie d'activation est élevé. La réaction la plus rapide est donc celle dont la région sous la courbe à droite de l'énergie d'activation est la plus grande.

RÉPONSE

C

22. (Obj. 2.3) Associez le graphique suivant à une des situations décrites dans les choix de réponse.

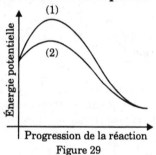

Figure 29

A) Une réaction effectuée à des concentrations différentes de réactifs.

B) Une réaction effectuée à des températures différentes.

C) Une réaction effectuée avec et sans catalyseur.

D) Deux réactions totalement différentes.

SOLUTION

Ce type de graphique est différent des précédents. Il représente la variation de l'énergie potentielle des réactifs en fonction de la progression de la réaction. L'énergie des particules est présentée en fonction de la progression de la réaction. Dans ce graphique, chaque sommet correspond à la valeur de l'énergie d'activation nécessaire à la formation d'un complexe activé.

Le graphique représente deux réactions ayant des énergies d'activation différentes mais qui possèdent une variation d'enthalpie (ΔH) identique. Ce graphique est typique d'une représentation de la progression d'une même réaction avec et sans catalyseur. La réaction 2 ayant l'énergie d'activation la plus basse est celle qui contient un catalyseur.

RÉPONSE

C) Une réaction effectuée avec et sans catalyseur.

LE DÉVELOPPEMENT DES CONNAISSANCES SCIENTIFIQUES SUR LES VITESSES DE RÉACTION, L'ENVIRONNEMENT ET LES SOCIÉTÉS

3

Cette dernière section du module IV traite de l'évolution historique des connaissances relatives aux vitesses de réaction et de son impact sur notre qualité de vie.

Le développement des connaissances scientifiques concernant les vitesses de réaction a permis l'apparition de nombreuses innovations technologiques dans des domaines aussi variés que la santé, l'armement militaire, l'agriculture, etc. Certaines de ces innovations nous procurent des avantages indéniables tandis que d'autres présentent des inconvénients majeurs.

À l'aide de travaux en équipe, de discussions en groupe et de recherches documentaires, vous devez vous questionner sur les impacts de ces développements technologiques sur l'environnement et notre société en général. Par vos recherches et vos échanges en classe, vous devez aussi vous intéresser aux travaux des scientifiques ayant permis ces développements et à la place du Québec dans la recherche relative aux vitesses de réaction.

PRÉTEST MODULE IV *

1. Pour chaque paire de réactions chimiques, identifiez la réaction la plus rapide.

1. a) combustion d'une bûche d'érable d'un kilogramme
   b) combustion d'un kilogramme de copeaux d'érable

2. a) dégradation de 500 g de poulet dans un réfrigérateur
   b) dégradation de 500 g de poulet à l'air libre

3. a) combustion de 1 litre d'essence
   b) combustion de 1 litre d'huile

A) 1a, 2a et 3a   B) 1b, 2b et 3b

C) 1a, 2a et 3b   D) 1b, 2b et 3a

2. Dans chaque groupe, identifiez le phénomène chimique qui se produit le plus lentement.

Groupe 1   a) la combustion d'une chandelle
            b) la combustion du papier journal

Groupe 2   a) la combustion de l'essence
            b) la combustion de l'huile à moteur

Groupe 3   a) le pourrissement (décomposition) du bois
            b) la formation du pétrole

A) 1a, 2b et 3a   C) 1b, 2a et 3a

B) 1a, 2b et 3b   D) 1b, 2a et 3b

3. Durant la période estivale, on invite les gens à être prudents en forêt et à bien éteindre leur feu de camp. Parmi les conditions énumérées, lesquelles sont indispensables à la naissance d'un feu de forêt?

A) combustion, combustible, carburant

B) température d'ignition, combustible, carburant

---

* Les questions de ce prétest proviennent des examens antérieurs de fin d'études secondaires du ministère de l'Éducation et de la Commission scolaire Taillon.

C) température d'ignition, combustible, comburant

D) chaleur, comburant, carburant

4. Voici différents cas où un facteur influence la vitesse d'une réaction chimique.

1. $AB_{(s)} \rightarrow A^+_{(aq)} + B^-_{(aq)}$ (dans l'eau chaude) (rapide)

   $AB_{(s)} \rightarrow A^+_{(aq)} + B^-_{(aq)}$ (dans l'eau froide) (lente)

2. Bois en rondins $+ O_{2(g)} \rightarrow CO_{2(g)} + H_2O_{(g)} +$ cendres (rapide)

   Bois copeaux $+ O_{2(g)} \rightarrow CO_{2(g)} + H_2O_{(g)} +$ cendres (très rapide)

3. $Mg_{(s)} + 2\ HNO_{3(aq)} \rightarrow H_{2(g)} + Mg(NO_3)_{2(aq)}$ (rapide)

   $Fe_{(s)} + 2\ HNO_{3(aq)} \rightarrow H_{2(g)} + Fe(NO_3)_{2(aq)}$ (lente)

4. $H_2O_{2(l)} \rightarrow H_{2(g)} + O_{2(g)}$ (très lente)

   $H_2O_{2(l)} + MnO_{2(s)} \rightarrow H_{2(g)} + O_{2(g)} + MnO_{2(s)}$ (rapide)

5. $A_{(aq)}(0{,}25\ mole/L) + B_{(aq)}(0{,}25\ mole/L) \rightarrow AB_{(aq)}$ (rapide)

   $A_{(aq)}(0{,}25\ mole/L) + B_{(aq)}(0{,}15\ mole/L) \rightarrow AB_{(aq)}$ (lente)

Nommez, dans l'ordre, les cas qui sont influencés par la nature des réactifs, la surface de contact, la concentration, un catalyseur et la température.

A) 3, 2, 5, 1 et 4   C) 3, 2, 5, 4 et 1

B) 3, 2, 4, 5 et 1   D) 2, 3, 5, 4 et 1

5. Associez chacune des courbes de distribution de l'énergie cinétique des molécules à l'une des situations présentées à droite.

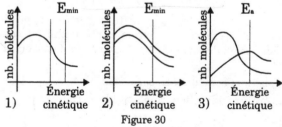

Figure 30

SITUATIONS

a) réaction avec changement de température

b) réaction, avec ou sans catalyseur

c) réaction avec changement de concentrations de substances

A) 1b, 2a, 3c   B) 1a, 2c, 3b

C) 1a, 2b, 3c   D) 1b, 2c, 3a

6. La transformation du dioxyde de soufre, SO_2, en trioxyde de soufre, SO_3, est représentée par l'équation suivante:

$SO_{2(g)} + O_{2(g)} \rightarrow 2\,SO_{3(g)} + 206$ kJ.

Quelle définition ci-dessous correspond à la vitesse de cette transformation?

A) C'est le nombre de moles de trioxyde de soufre formées.

B) C'est le nombre de moles de trioxyde de soufre formées par unité de temps.

C) C'est la masse de dioxygène transformée.

D) C'est la quantité d'énergie dégagée par mole de produit.

7. Soit le système: $Fe^{3+}_{(aq)} + SCN^-_{(aq)} \rightarrow FeSCN^{2+}_{(aq)}$.

Quel facteur n'a <u>aucune</u> influence sur la vitesse de réaction de ce système?

A) Modification de la pression

B) Changement d'un des réactifs

C) Ajout d'un catalyseur

D) Modification de la température

8. On veut mesurer la vitesse d'une réaction chimique. Pour ce faire, on réalise l'expérience suivante. On fait réagir le magnésium (Mg) et l'acide chlorhydrique (HCl). On sait qu'il y aura production de dichlorure de magnésium ($MgCl_2$) et d'hydrogène (H_2) selon l'équation suivante à température et pression normales.

$Mg_{2(s)} + 2\,HCl_{(aq)} \rightarrow MgCl_{2(aq)} + H_{2(g)}$

Le tableau ci-dessous nous donne le volume d'hydrogène (mL) dégagé en fonction du temps.

Quelle est la vitesse moyenne de cette réaction durant les 40 premières secondes en mol/s?

Temps (s)	Volume H_2 (mL)
0,0	– – –
20,0	22,3
40,0	34,0
60,0	43,2
80,0	50,1
100,0	55,2
120,0	59,0

Réactions chimiques: équilibre

Vous devez savoir:

- distinguer une réaction chimique se produisant en milieu fermé d'une réaction se produisant en milieu ouvert;
- prédire à l'aide du principe de Le Chatelier l'effet de divers facteurs sur l'équilibre d'un système chimique;
- distinguer l'aspect microscopique dynamique d'un système en équilibre de ses propriétés macroscopiques;
- comparer la force de divers acides;
- décrire le comportement de substances participant à une réaction d'oxydoréduction;
- classer des paires d'électrodes selon leur potentiel électrique;
- calculer la différence de potentiel de diverses réactions d'oxydoréduction.

1 L'ÉQUILIBRE CHIMIQUE

SYSTÈMES EN ÉQUILIBRE

La grande majorité des réactions chimiques sont réversibles et, de façon générale, lorsqu'une réaction réversible a lieu dans un système fermé, un état d'équilibre est éventuellement atteint.

Une réaction réversible peut s'effectuer dans les deux sens. Les produits de ces réactions ont la possibilité de se recombiner pour reformer les réactifs originaux.

Une double flèche dans une équation chimique indique la réversibilité d'une réaction.

Ex. : $4 Fe_{(s)} + 3 O_{2(g)} \rightarrow 2 Fe_2O_{3(s)}$

- **Système fermé**: Un système chimique est fermé lorsque les conditions sont telles qu'aucune substance réagissante ne peut s'échapper et qu'il n'y a aucun échange entre le système chimique et son environnement. Un état d'équilibre ne peut être atteint que dans un système fermé ou isolé chimiquement.

- **Équilibre chimique**: C'est un état dynamique dans lequel la vitesse de transformation de réactifs en produits égale la vitesse à laquelle les produits sont retransformés en réactifs.

Lorsqu'un système chimique a atteint l'équilibre, la concentration des différentes substances impliquées ne varie pas.

Quatres caractéristiques définissent un système en équilibre:

-   les vitesses des réactions directe et inverse sont égales;

-   la température est constante;

-   le système est fermé ou chimiquement isolé;

- le système ne présente pas de changements observables; ses <u>caractéristiques macroscopiques</u> sont stables.

Note: Les propriétés macroscopiques d'un système chimique sont celles que nous pouvons facilement observer ou mesurer: le volume, la concentration des réactifs, la couleur, etc. Les caractéristiques microscopiques d'un système se situent au niveau des particules chimiques et sont imperceptibles à l'œil nu: vitesse des molécules, collisions intermoléculaires, etc.

L'équilibre d'un système chimique est affecté par la variation de la **concentration** des réactifs et des produits et par les fluctuations des conditions de **pression** et de **température**. Ces trois paramètres (concentration, pression et température) sont les seuls facteurs pouvant modifier l'équilibre d'un système chimique.

Exercices

1. (Obj. 1.1) Parmi les choix de réponse suivants, lequel n'est pas une caractéristique macroscopique propre à un système chimique en équilibre?

A) **Aucun changement de couleur**

B) **Volume constant**

C) **Pression constante**

D) **Masse constante**

E) **Température constante**

SOLUTION

Rien ne se perd et rien ne se crée. La masse d'un système chimique fermé est toujours constante même si le système n'a pas atteint l'équilibre. Le choix de réponse D) n'est donc pas une caractéristique macroscopique propre à un système à l'équilibre.

RÉPONSE

D) Masse constante

2. (Obj. 1.1) Lequel des énoncés suivants est vrai?
Dans un système chimique à l'équilibre...
A) il n'y a aucune transformation chimique.
B) la masse des réactifs égale celle des produits.
C) les réactions directe et inverse s'effectuent à la même vitesse.
D) tous les réactifs sont transformés en produits.

SOLUTION

Même si, au niveau macroscopique, un système en équilibre apparaît stable, au niveau moléculaire, les particules se frappent et se transforment continuellement. L'équilibre provient du fait que les réactions directe et inverse s'effectuent à la même vitesse. C'est ce qu'on appelle un équilibre dynamique.

RÉPONSE

C)

3. (Obj. 1.1) Des quatre systèmes chimiques suivants, lesquels peuvent atteindre l'équilibre?
A) $CaCO_{3(s)} + 2\ HNO_{3(aq)}$
   $\rightarrow Ca(NO_3)_{2(aq)} + H_2O_{(l)} + CO_{2(g)}\uparrow$
B) La condensation d'eau sur les parois intérieures d'un bocal fermé.
C) Un bécher d'eau saturée de sucre contenant un surplus de sucre non dissous.

Figure 31

D) Un feu de forêt.

SOLUTION

Les quatre conditions pour qu'un système chimique soit à l'équilibre sont la réversibilité de la réaction, l'isolement chimique du système, une température constante et la stabilité des caractéristiques macroscopiques.

En A), la flèche verticale ($\uparrow$) signifie que le CO_2 s'échappe du système sous forme gazeuse. Le système n'est donc pas isolé et l'équilibre ne peut pas être atteint comme l'indique la flèche simple ($\rightarrow$) entre les produits et les réactifs.

Il n'est pas nécessaire qu'il y ait transformation chimique pour qu'on puisse parler d'équilibre chimique. Une transformation physique comme la condensation de l'eau en B) est un exemple parfait d'un système en équilibre. Lorsque le système est fermé, la vitesse de transformation d'eau liquide en vapeur d'eau égale celle de la condensation de la vapeur d'eau.

Dans une solution saturée, l'équilibre est atteint lorsque la vitesse de dissolution du soluté égale sa vitesse de précipitation. En C), bien que la figure nous montre que le système n'est pas totalement isolé de son environnement, on peut considérer que la perte d'eau par évaporation est négligeable et que son volume demeure constant sur une certaine période de temps. L'équilibre peut donc être atteint.

Un feu de forêt ne possède aucune des caractéristiques d'un système en équilibre: le système n'est pas isolé, la température varie, la réaction de combustion n'est pas réversible et les caractéristiques macroscopiques varient de façon évidente.

RÉPONSE

B et C

Système fermé ou chimiquement isolé: Un système est fermé lorsqu'il n'existe aucune perte ou aucun transfert de substances chimiques entre le système et son environnement. Un système chimiquement isolé n'est pas complètement fermé et certaines substances peuvent s'échapper dans son environnement. L'équilibre peut être atteint dans un système chimiquement isolé si pendant le temps d'observation, la quantité de matériel perdu est négligeable. Le bécher d'eau sucrée du numéro précédent en est un exemple.

4. (Obj. 1.2) Parmi les choix de réponse suivants, lequel n'est pas un facteur modifiant l'équilibre d'un système chimique?

A) La pression

B) La température

C) L'ajout d'un catalyseur

D) La concentration des réactifs

E) La concentration des produits

SOLUTION

Un catalyseur ajouté à une réaction réversible a comme effet d'augmenter les vitesses des <u>deux réactions opposées</u> en abaissant leur énergie d'activation. Pour cette raison, l'ajout d'un catalyseur diminue le temps nécessaire à un système chimique pour parvenir à l'équilibre mais n'entraîne pas de déplacement de cet équilibre.

Les choix de réponse A, B, D et E représentent tous des facteurs pouvant influencer un système à l'équilibre en favorisant un sens ou l'autre de la réaction.

RÉPONSE

3) L'ajout d'un catalyseur

Note: Les écosystèmes naturels sont de parfaits exemples de systèmes en équilibre dynamique. Les fragiles équilibres physique et biologique de ces systèmes sont cependant continuellement menacés par l'augmentation de notre population et l'exploitation des ressources naturelles. Il est urgent que nos sociétés développent de nouveaux rapports avec notre environnement qui seraient plus en accord avec les principes régissant l'équilibre de notre planète.

LE PRINCIPE DE LE CHATELIER

Le principe de Le Chatelier permet de prédire <u>qualitativement</u> l'effet de divers facteurs sur l'équilibre d'un système chimique et sur la concentration des substances qui le composent. L'énoncé du principe de Le Chatelier se lit comme suit:

«Si l'on modifie les conditions d'un système en équilibre, celui-ci réagit de façon à s'opposer, en partie, aux changements qu'on lui impose.»

Henri Louis Le Chatelier (1885-1936)

Un système chimique s'oppose aux modifications apportées à son équilibre de deux façons : soit en favorisant la transformation de réactifs en produits ou bien en favorisant la conversion des produits en réactifs. Selon le cas, on dira qu'il y a déplacement de l'équilibre vers les produits (réaction directe) ou vers les réactifs (réaction inverse).

Exercices

5. (Obj. 1.3) Les réactions chimiques suivantes représentent des systèmes à l'équilibre. Dans la concentration des différents composés (augmentation, diminution, aucun changement), dites quel changememt est provoqué par l'ajout des réactifs de la deuxième colonne.

RÉACTIONS	SUBSTANCE AJOUTÉE
A) $H_{2(g)} + I_{2(g)} \Leftrightarrow 2 HI_{(g)}$	$HI_{(g)}$
B) $CaCO_{3(s)} \Leftrightarrow CaO_{(s)} + CO_{2(g)}$	$CaO_{(s)}$
C) $4 HCl_{(g)} + O_{2(g)}$ $\Leftrightarrow 2 H_2O_{(g)} + 2 Cl_{2(g)}$	$Cl_{2(g)}$
D) $4 Fe_{(s)} + 3 O_{2(g)} \Leftrightarrow 2 Fe_2O_{3(s)}$	$O_{2(g)}$

SOLUTION

Vous devez premièrement déterminer si le composé ajouté fait partie des réactifs (à gauche de la flèche) ou des produits (à droite de la flèche). L'ajout d'une certaine quantité d'un des réactifs favorise la transformation de réactifs en produits (réaction directe) tandis que l'ajout d'un des produits déplace l'équilibre vers la formation de réactifs à partir des produits (réaction inverse).

RÉPONSE

A) $[H_2]$ et $[I_2]$ augmentent, $[HI]$ diminue.

B) $[CaCO_3]$ augmente, $[CaO]$ et $[CO_2]$ diminuent.

C) $[HCl]$ et $[O_2]$ augmentent, $[H_2O]$ et $[Cl_2]$ diminuent.

D) $[Fe]$ et $[O_2]$ diminuent et $[Fe_2O_3]$ augmente.

6. (Obj. 1.3) Soit la réaction suivante:

$$4Fe_{(s)} + 3\ O_{2(g)} \Leftrightarrow 2\ Fe_2O_{3(s)}$$

Expliquez quel est l'effet d'un ajout de fer solide ($Fe_{(s)}$) sur la concentration de $Fe_2O_{3(s)}$.

SOLUTION

Selon le principe de Le Chatelier, un système en équilibre s'oppose à l'augmentation de la concentration d'un réactif en favorisant le sens de la réaction qui permettra de réduire la concentration de ce réactif. Afin de s'opposer à l'augmentation de la concentration de fer, la vitesse de la réaction directe augmente et la formation de Fe_2O_3 est favorisée.

RÉPONSE

L'équilibre se déplace vers la droite et favorise la production de Fe_2O_3 à partir de $Fe_{(s)}$. La concentration de Fe_2O_3 augmente jusqu'à ce qu'un nouvel équilibre soit atteint.

7. (Obj. 1.3) Expliquez pourquoi la préparation de chaux, $CaO_{(s)}$, est effectuée dans un système ouvert, sous aération constante.

$$CaCO_{3(s)} + \underline{chaleur}\ CaO_{(s)} + CO_{2(g)}\uparrow$$

SOLUTION

Dans plusieurs procédés industriels, on met à profit la connaissance du principe de Le Chatelier afin que l'équilibre d'un système chimique ne soit jamais atteint et qu'un sens de la réaction soit toujours favorisé. Il est possible de faire en sorte que le système n'atteigne jamais son équilibre en ajoutant continuellement de nouveaux réactifs ou bien en éliminant un ou plusieurs produits de la réaction.

RÉPONSE

L'aération permet d'évacuer le $CO_{2(g)}$ produit par la réaction et favorise ainsi la production continue de $CaO_{(s)}$.

8. (Obj. 1.3) On augmente le volume du récipient dans lequel se produit la réaction à l'équilibre suivante:

$$SO_{2(g)} + Cl_{2(g)} \Leftrightarrow SO_2Cl_{2(g)}.$$

Expliquez comment réagira ce système à l'équilibre.

SOLUTION

L'augmentation du volume provoque une diminution de la pression. L'effet d'une variation de la pression sur l'équilibre d'une réaction réversible dépend de la différence entre le nombre de molécules gazeuses présentes chez les réactifs et chez les produits.

Dans notre problème, deux molécules gazeuses (SO_2 et Cl_2) se combinent pour n'en former qu'une seule (SO_2Cl_2). La réaction directe entraîne donc une réduction du nombre de molécules gazeuses et de la pression totale. La réaction inverse produit l'effet contraire. Lorsque ce sens de la réaction est favorisé, le nombre de particules gazeuses et la pression augmentent.

 REMARQUE   Lorsque le nombre de particules gazeuses est le même des deux côtés de l'équation, une variation de la pression ne modifie pas l'équilibre du système.

RÉPONSE

La réaction inverse est favorisée afin d'augmenter le nombre total de molécules gazeuses et de s'opposer à la baisse de pression.

La stœchiométrie des réactions est très importante dans la résolution des problèmes concernant l'effet de la pression sur le déplacement de l'équilibre. Il est essentiel de toujours vérifier si les équations d'un problème ont été équilibrées et si les bons coefficients sont en place.

9. (Obj. 1.3) Selon le principe de Le Chatelier, quel effet produit une augmentation de la pression sur ce système à l'équilibre?

$$NH_4HS_{(s)} \Leftrightarrow NH_{3(g)} + H_2S_{(g)}$$

A) Elle favorise la formation de NH_3.

B) Elle déplace l'équilibre vers la gauche.

C) Elle accroît simultanément la vitesse des réactions directe et inverse.

D) Elle provoque l'augmentation du nombre total de molécules gazeuses.

E) Elle n'a aucun effet sur le système.

REMARQUE L'équation chimique de ce problème représente un équilibre hétérogène, c'est à dire un système à l'équilibre formé de substances appartenant à des phases différentes soit solides, liquides ou gazeuses. Dans un tel système, seuls les composés en phase gazeuse ont un effet sur la pression totale du système. Il est essentiel de bien distinguer les symboles indiquant dans quel état sont les différentes substances chimiques impliquées dans la réaction.

(g) : gazeux   (l) : liquide

(s) : solide   (aq) : en solution aqueuse

SOLUTION

Le système minimise l'effet d'une hausse de pression en transformant les molécules gazeuses (NH_3 et H_2S) responsables de la pression en un composé solide (NH_4HS). Le NH_4HS étant en phase solide, sa concentration n'a aucun effet sur la pression totale.

RÉPONSE

B) Elle déplace l'équilibre vers la gauche.

10. (Obj. 1.3) La vaporisation de l'eau sous l'effet de la chaleur est représentée par cette équation chimique:

$H_2O_{(l)} + chaleur \Leftrightarrow H_2O_{(g)}.$

Si ce changement de phase s'effectue dans un espace fermé, expliquez quel est l'effet sur l'équilibre du système lorsque:

A) on ajoute de la vapeur d'eau

B) on augmente le volume

SOLUTION

Le principe de Le Chatelier s'applique de la même façon pour des changements physiques que pour une transformation chimique. Une hausse de la pression totale de ce système hétérogène (eau liquide et eau gazeuse) favorise la condensation de la vapeur d'eau en liquide, tandis qu'une diminution de la pression accélère la transformation de liquide en gaz.

RÉPONSE

A) L'augmentation de la pression totale du système provoque un déplacement de l'équilibre vers la gauche; la condensation de l'eau est favorisée.

B) La diminution de la pression totale du système provoque un déplacement de l'équilibre vers la droite; la vaporisation de l'eau est favorisée.

11. (Obj. 1.3) La production de dioxyde de carbone à partir de monoxyde de carbone est une réaction exothermique.

$2\ CO_{(g)} + O_{2(g)} \Leftrightarrow 2\ CO_{2(g)} + chaleur$

Expliquez quel est l'effet sur ce système à l'équilibre d'une élévation de la température.

SOLUTION

Dans une réaction réversible où il y a transfert de chaleur, un sens de la réaction est toujours exothermique tandis que l'autre est endothermique.

Selon Le Chatelier, un système en équilibre s'oppose à une élévation de la température en favorisant le sens de la réaction qui consomme de la chaleur. Inversement, une baisse de la température déplace l'équilibre dans le sens de la réaction qui produit de la chaleur.

Dans l'équation chimique du problème précédent, le terme chaleur est présent du côté des produits; la réaction est donc exothermique de gauche à droite (réaction directe) et endothermique de droite à gauche (réaction inverse).

RÉPONSE

La réaction inverse est favorisée afin d'utiliser la chaleur et d'abaisser la température du système.

12. (Obj. 1.3) Soit la réaction suivante:

$$4 \ HCl_{(g)} + O_{2(g)} \Leftrightarrow 2 \ H_2O_{(g)} + 2 \ Cl_{2(g)} + 110 \ kJ.$$

Quel est l'effet d'une augmentation de la température sur ce système en équilibre?

A) Aucun effet

B) Une augmentation de la concentration de Cl_2

C) Une diminution de la pression totale

D) Une diminution de la concentration de HCl

E) Une augmentation de la concentration d'oxygène (O_2)

SOLUTION

Une hausse de température favorise toujours le sens endothermique d'une réaction réversible afin d'utiliser l'apport de chaleur affectant l'équilibre. Dans cet l'exercice, la réaction inverse est endothermique. Suite à une hausse de la température, la concentration de HCl et de O_2 augmentera tandis que celle de H_2O et de Cl_2 diminuera.

RÉPONSE

E) Une augmentation de la concentration d'oxygène (O_2).

13. (Obj. 1.3) Quel est l'effet d'une baisse de température sur la réaction en équilibre représentée par l'équation suivante?

$CO_{2(g)} + 2\ H_2O_{(g)} + Q \Leftrightarrow CH_{4(g)} + 2\ O_{2(g)}$

A) $[CO_2]$ et $[H_2O]$ augmentent, $[CH_4]$ et $[O_2]$ diminuent.

B) $[CO_2]$ diminue, $[H_2O]$ et $[CH_4]$ augmentent, $[O_2]$ diminue.

C) $[CO_2]$ et $[H_2O]$ diminuent, $[CH_4]$ et $[O_2]$ augmentent.

D) $[CO_2]$, $[H_2O]$, $[CH_4]$ et $[O_2]$ augmentent.

E) $[CO_2]$, $[H_2O]$, $[CH_4]$ et $[O_2]$ diminuent.

SOLUTION

Après une baisse de température, le système rétablira son équilibre en privilégiant la production de chaleur. Le sens exothermique de la réaction sera donc favorisé.

Les réponses D et E doivent être rejetées sans hésiter. Les concentrations des réactifs et des produits ne peuvent augmenter ou diminuer en même temps. Les concentrations des produits et des réactifs varient toujours inversement l'une de l'autre.

Note: N'oubliez pas que le symbole *Q* est souvent employé pour exprimer la chaleur dans une équation chimique.

RÉPONSE

A) $[CO_2]$ et $[H_2O]$ augmentent, $[CH_4]$ et $[O_2]$ diminuent.

14. (Obj. 1.3) Soit la réaction suivante:

$2\ SO_{3(g)} + 192,4\ kJ \Leftrightarrow 2\ SO_{2(g)} + O_{2(g)}$.

Dites de quelle façon est affecté l'équilibre de ce système par les changements suivants.

A) **une diminution de la pression**

B) **la présence d'un catalyseur**

C) **une augmentation de la concentration d'oxygène**

D) **une diminution de température**

RÉPONSE

A) Le système réagit à une diminution de la pression en favorisant la réaction directe, ce qui amène une augmentation du nombre de particules gazeuses.

B) La présence d'un catalyseur n'a aucun effet sur l'équilibre du système.

C) La réaction inverse est favorisée afin d'utiliser le surplus d'oxygène.

D) Une diminution de température provoque un déplacement de l'équilibre dans le sens de la réaction exothermique, c'est-à-dire de droite à gauche.

15. (Obj. 1.3) L'équation chimique suivante représente un système fermé en équilibre. Donnez deux façons de favoriser la formation de NO.

$$N_{2(g)} + O_{2(g)} \Leftrightarrow 2\ NO_{(g)} + \text{chaleur}$$

RÉPONSE

Une diminution de la température et une augmentation de la concentration des réactifs (N_2 et O_2) ont pour effet de favoriser la production de NO.

Il est à noter qu'une augmentation de la pression n'aurait aucun effet sur l'équilibre de ce système chimique étant donné que le nombre de particules gazeuses est le même de chaque côté de l'équation.

LA CONSTANTE D'ÉQUILIBRE, K_C

À une température donnée, un équilibre chimique est caractérisé par une constante d'équilibre (K_c) exprimée en fonction des concentrations à l'équilibre des différentes substances, réactifs ou produits, impliqués dans la réaction.

La valeur numérique de cette constante nous permet de prédire quantitativement le comportement d'un système chimique en équilibre.

- La **constante d'équilibre (K_c)** est obtenue en divisant le produit des concentrations molaires des produits de la réaction par le produit des concentrations molaires des réactifs. Les coefficients stœchiométriques de l'équation balancée deviennent exposants des concentrations des substances correspondantes.

  Cette relation entre les concentrations des produits et des réactifs à l'équilibre est appelée **loi de l'équilibre chimique**.

  Pour une équation générale du genre:

  $$aA + bB \Leftrightarrow cC + dD$$

  $$K_C = \frac{[\text{produits}]}{[\text{réactifs}]} = \frac{[C]^c[D]^d}{[A]^a[B]^b}$$

  La valeur de la constante d'équilibre d'un système chimique nous informe sur les concentrations relatives des réactifs et des produits à l'équilibre. Elle nous indique ainsi le sens de la réaction qui est favorisée à l'équilibre.

Constante	Proportion relative des réactifs et des produits à l'équilibre
$K_C > 1$	La réaction vers la droite est favorisée; la concentration des produits à l'équilibre est plus élevée que celle des réactifs.
$K_C = 1$	Il y a autant de produits que de réactifs formés à l'équilibre; les concentrations des réactifs et des produits sont égales.
$K_C < 1$	La réaction vers la gauche est favorisée; la concentration des réactifs à l'équilibre est plus élevée que celle des produits.

Important!

- La constante d'équilibre, K_c, est indépendante des quantités de substances solides ou liquides présentes dans le système. Les concentrations de ces substances sont constantes et n'apparaissent pas dans le calcul de K_c.

  Exemple: $H_{2(g)} + S_{(s)} \leftrightarrow H_2S_{(g)}$

  $$K_C = \frac{[H_2S]}{[H_2]}$$

- Quelles que soient les quantités de réactifs ou de produits initiales ou rajoutées par la suite, après un certain temps, le système retrouve un équilibre toujours caractérisé par la même valeur de K_c pour une même température.

- La valeur de K_c dépend de la température. Un changement de température entraîne toujours une variation de la valeur de la constante d'équilibre d'un système chimique.

- L'ajout d'un catalyseur augmente la vitesse à laquelle est atteint l'équilibre, mais n'a aucun effet sur la valeur de la constante d'équilibre d'une réaction chimique.

Exercices

16. (Obj. 2.2) Lequel ou lesquels des changements suivants affecte(ent) la valeur de la constante d'équilibre d'une réaction chimique?

A) L'ajout de réactif

B) L'ajout d'un catalyseur

C) Une variation de température

D) L'augmentation de la concentration des produits

SOLUTION

La variation de la concentration des réactifs ou des produits n'affecte que temporairement l'équilibre d'un système chimique. Après un certain temps, l'équilibre se rétablit et la valeur de K_c demeure la même. L'ajout d'un catalyseur n'a pas non plus d'effet sur la valeur de la constante d'équilibre. Seule la variation de la température modifie la valeur de K_c.

RÉPONSE

C) Une variation de température

17. (Obj. 2.2) Trouvez la constante d'équilibre des réactions suivantes à l'aide des données fournies.

A) $PCl_{5(g)} \Leftrightarrow PCl_{3(g)} + Cl_{2(g)}$

Concentrations à l'équilibre: PCl_5: 0,3 mol/L

$$\frac{0,4}{6,5}$$

PCl_3: 0,2 mol/L

Cl_2: 0,2 mol/L

B) $3 H_{2(g)} + N_{2(g)} \Leftrightarrow 2 NH_{3(g)}$

Concentrations à l'équilibre: H_2: 0,2 mol/L

N_2: 0,2 mol/L

NH_3: 0,4 mol/L

C) $4 NH_{3(g)} + 5 O_{2(g)} \Leftrightarrow 4 NO_{(g)} + 6 H_2O_{(g)}$

Concentrations à l'équilibre: NH_3: 0,56 mol/L

O_2: 0,7 mol/L

NO: 0,56 mol/L

H₂O: 0,84 mol/L

D) $3 \text{ Fe}_{(s)} + 4 \text{ H}_2\text{O}_{(g)} \Leftrightarrow \text{Fe}_3\text{O}_{4(s)} + 4 \text{ H}_{2(g)}$

Concentrations à l'équilibre: H_2: $1,7 \cdot 10^{-2}$ moléL

H_2O: $3,5 \cdot 10^{-2}$ mol/L

RÉPONSE

A) $K_C = \dfrac{[\text{PCl}_3][\text{Cl}_2]}{[\text{PCl}_5]} = \dfrac{0,2 \cdot 0,2}{0,3} = 0,13 \,{}^{\text{mol}}\!/_{\text{L}}$

B) $K_C = \dfrac{[\text{NH}_3]^2}{[\text{H}_2]^3[\text{N}_2]} = \dfrac{(0,4)^2}{(0,2)^3 \cdot 0,2} = 100 \left({}^{\text{mol}}\!/_{\text{L}}\right)^{-2}$

C) $K_C = \dfrac{[\text{NO}]^4[\text{H}_2\text{O}]^6}{[\text{NH}_3]^4[\text{O}_2]^5} = \dfrac{(0,56)^4 \cdot (0,84)^6}{(0,56)^4 \cdot (0,7)^5} = 2,09 \,{}^{\text{mol}}\!/_{\text{L}}$

D) $K_C = \dfrac{[\text{H}_2]^4}{[\text{H}_2\text{O}]^4} = \dfrac{\left(1,7 \cdot 10^{-2}\right)^4}{\left(3,5 \cdot 10^{-2}\right)^4} = 0.056$

18. (Obj. 2.2) Les valeurs de K_c qui vous sont présentées proviennent de cinq réactions chimiques différentes effectuées à la même température. Lequel de ces quatre systèmes a le plus tendance à favoriser la réaction inverse?

Réaction A: $K_c = 1,3 \cdot 10^3$ mol/L

Réaction B: $K_c = 1,2 \cdot 10^{-4}$ (mol/L)$^{-2}$

Réaction C: $K_c = 1,01$ mol/L

Réaction D: $K_c = 3,0 \cdot 10^{-2}$

SOLUTION

Une faible valeur de K_c indique qu'à l'équilibre les réactifs sont plus concentrés que les produits. Ceci est caractéristique d'un système à l'équilibre qui favorise la réaction inverse. Plus la valeur de K_c est petite et plus la réaction inverse est favorisée.

RÉPONSE

Réaction B: $K_c = 1,2 \cdot 10^{-4}$ (mol/L)$^{-2}$

19. (Obj. 2.2) Dans un récipient étanche de 2 litres, 0,8 mole de monoxyde de carbone (CO) et 0,8 mole de vapeur d'eau ($H_2O_{(g)}$) réagissent selon l'équation suivante: $CO_{(g)} + H_2O_{(g)} \Leftrightarrow CO_{2(g)} + H_{2(g)}$.

À l'équilibre, on ne retrouve plus que 0,3 mole de chacun des réactifs. Quelle est la constante d'équilibre de cette réaction?

SOLUTION

C'est à partir de la stœchiométrie de la réaction balancée que nous pouvons obtenir toutes les concentrations nécessaires au calcul de la constante d'équilibre.

La différence entre le nombre de moles initiales de réactifs et le nombre de moles de réactifs à l'équilibre nous indique combien de moles ont été transformées en produits.

$$\begin{pmatrix} \text{nombre de moles} \\ \text{initiales} \end{pmatrix} - \begin{pmatrix} \text{nombre de moles} \\ \text{à l'équilibre} \end{pmatrix} = \begin{pmatrix} \text{nombre de moles} \\ \text{transformées} \end{pmatrix}$$

Selon l'équation de la réaction, chaque mole de réactif transformée génère une mole de chacun des produits (rapport 1:1).

Le tableau suivant résume toutes les informations tirées de l'équation de la réaction et des données du problème.

Équation:	$CO_{(g)}$	+ $H_2O_{(g)}$	$\Leftrightarrow$ $CO_{2(g)}$	+ $H_{2(g)}$
Nombre de moles initial (volume de 2 L)	0,8	0,8	0	0
Nombre de moles consommées(–) ou produites (+)	– 0,5	– 0,5	+0,5	+0,5
Nombre de moles à l'équilibre (volume de 2 L)	0,3	0,3	0,5	0,5

Équation:	$CO_{(g)} + H_2O_{(g)} \Leftrightarrow CO_{2(g)} + H_{2(g)}$			
Concentration à l'équilibre (mol/L)	0,15	0,15	0,25	0,25

REMARQUE Vous devez tenir compte du volume dans les calculs des concentrations molaires. Le récipient dans lequel s'effectue la réaction a un volume de 2 L.

$$K_C = \frac{[CO_2][H_2]}{[CO][H_2O]} = \frac{(0,25)(0,25)}{(0,15)(0,15)} = 2,78$$

RÉPONSE

2,78

20.(Obj.2.2) En prenant pour exemple le problème précédent, complétez les tableaux suivants. Toutes les réactions sont effectuées dans un récipient de 2 L.

A)

Équation:	$PCl_{5(g)} \Leftrightarrow PCl_{3(g)} + Cl_{2(g)}$		
Nombre de moles initial	3,6	0	0
Nombre de moles consommées (−) ou produites (+)			
Nombre de moles à l'équilibre		2,4	
Concentration à l'équilibre (mol/L)			

B)

Équation:	$H_{2(g)}$ + $CO_{2(g)}$ ⇔ $CO_{(g)}$ + $H_2O_{(g)}$			
Nombre de moles initial	2,1	1,5	3,3	2,7
Nombre de moles consommées (−) ou produites (+)	+1,7			
Nombre de moles à l'équilibre				
Concentration à l'équilibre (mol/l)				

C)

Équation:	2 $NOCl_{(g)}$ ⇔ 2 $NO_{(g)}$ + $Cl_{2(g)}$		
Nombre de moles initial	4	0	0
Nombre de moles consommées (−) ou produites (+)			
Nombre de moles à l'équilibre			
Concentration à l'équilibre (mol/L)			0,75

SOLUTION

C) Dans ce numéro, vous devez faire particulièrement attention à la stœchiométrie de la réaction. À partir de la concentration finale de Cl_2, vous devez premièrement trouver le nombre de moles de Cl_2 à l'équilibre. Pour chaque mole de Cl_2 à l'équilibre, deux moles de NOCl ont été transformées.

RÉPONSE

A)

Équation:	$PCl_{5(g)} \Leftrightarrow PCl_{3(g)} + Cl_{2(g)}$		
Nombre de moles initial	3,6	0	0
Nombre de moles consommées (−) ou produites (+)	− 2,4	+2,4	+2,4
Nombre de moles à l'équilibre	1,2	2,4	2,4
Concentration à l'équilibre (mol/L)	0,6	1,2	1,2

B)

Équation:	$H_{2(g)} + CO_{2(g)} \Leftrightarrow CO_{(g)} + H_2O_{(g)}$			
Nombre de moles initial	2,1	1,5	3,3	2,7
Nombre de moles consommées (−) ou produites (+)	+1,7	+1,7	−1,7	−1,7
Nombre de moles à l'équilibre	3,8	3,2	1,6	1,0
Concentration à l'équilibre (mol/l)	1,9	1,6	0,8	0,5

C)

Équation:	2 NOCl$_{(g)}$ ⇔ 2 NO$_{(g)}$ + Cl$_{2(g)}$		
Nombre de moles initial	4	0	0
Nombre de moles consommées (–) ou produites (+)	– 3	+3	+1,5
Nombre de moles à l'équilibre	1	3	1,5
Concentration à l'équilibre (mol/L)	0,5	1,5	0,75

21. (Obj. 2.2) Dans un contenant fermé, du monoxyde d'azote (NO) se dissocie en azote (N$_2$) et en oxygène (O$_2$) selon l'équation suivante:

$2 NO_{(g)} \Leftrightarrow N_{2(g)} + O_{2(g)}$.

On a évalué qu'à une certaine température, la valeur de la constante d'équilibre est de 4 lorsque la concentration de NO égale 0,6 mol/L.

Selon ces données, quelles sont, à cette même température, les concentrations à l'équilibre de N$_{2(g)}$ et O$_{2(g)}$?

SOLUTION

La dissociation du monoxyde d'azote produit un nombre de moles égal d'azote et d'oxygène. À l'équilibre, les concentrations de N$_2$ et O$_2$ sont donc nécessairement égales.

$[N_2] = [O_2] = x$ mol/L

En plaçant dans l'équation de la constante les valeurs connues et en remplaçant les concentrations de N$_2$ et de O$_2$ par la variable x, on obtient l'équation suivante:

$$K_C = \frac{[N_2][O_2]}{[NO]^2} = \frac{x \cdot x}{(0,6)^2} \Rightarrow 4 = \frac{x^2}{(0,6)^2}$$

En isolant la variable x, on obtient:

$$x^2 = 4 \cdot (0,6)^2 = 1,44$$

$$x = \sqrt{1,44} = 1,2 \, \text{mol}/_L$$

RÉPONSE

Les concentrations de N_2 et de O_2 à l'équilibre sont égales à 1,2 mol/L.

22. (Obj. 2.2) L'équation chimique suivante représente le procédé Haber qui permet la production d'ammoniac à partir d'hydrogène et d'azote atmosphérique et d'un catalyseur métallique.

$$N_{2(g)} + 3 \, H_{2(g)} \Leftrightarrow 2 \, NH_{3(g)} + \underline{\textbf{chaleur}}$$

Cette réaction étant réversible, l'équilibre chimique peut être atteint dans un système clos. Quel effet aurait une augmentation de la température sur la valeur de la constante d'équilibre (K_c) de ce système à l'équilibre?

A) **K_c augmente.**

B) **K_c diminue.**

C) **K_c ne varie pas.**

D) **On ne peut pas prédire l'effet d'une augmentation de la température sur la valeur de K_c sans connaître les concentrations des réactifs.**

SOLUTION

Selon Le Chatelier, l'augmentation de la température favorise toujours le sens endothermique d'une réaction réversible. La réaction inverse du procédé Haber étant endothermique, la transformation de produits en réactifs sera favorisée par une augmentation de la température. Conséquemment, la concentration des réactifs augmentera et la valeur de K_c diminuera.

$$K_C = \frac{[\text{produits}]}{[\text{réactifs}]}$$

RÉPONSE

B) K_c diminue.

EMARQUE Selon Le Chatelier, une basse température devrait favoriser la production de NH_3 par le procédé Haber. Dans les faits, les réactions chimiques étant toujours plus lentes à basse température, cette réaction s'effectue à une pression de 200 atm et à une température relativement élevée d'environ 400 °C. Le travail du chimiste consiste souvent à trouver un compromis entre les différents facteurs affectant l'équilibre d'un système chimique afin d'obtenir des conditions optimales de réaction.

ÉLECTROLYTES ET DISSOCIATION IONIQUE DE L'EAU

L'importance de la compréhension des phénomènes d'ionisation provient du fait que plusieurs systèmes chimiques en équilibre sont constitués d'ions en solution. En fait, les réactions chimiques en solution sont principalement des réactions entre ions.

- Un **électrolyte** est un composé chimique qui, en solution, se décompose en ions positifs (cations) et en ions négatifs (anions). Les électrolytes sont classés forts ou faibles selon leur **degré de dissociation**. Les acides, les bases et les sels sont des exemples d'électrolytes.

La dissolution d'une substance **non électrolytique** ne produit pas d'ion. Un non-électrolyte demeure sous forme moléculaire en solution et pour cette raison, ne conduit pas le courant électrique.

Ex. : L'équation suivante représente la dissolution du sucre:

$C_{12}H_{22}O_{(s)} \rightarrow C_{12}H_{22}O_{11(aq)}$.

- **Électrolytes forts**:
  - pourcentage de dissociation élevé
  - conduit très bien le courant électrique
  - réaction de dissociation peu ou pas réversible représentée par une flèche simple

  Exemple: $NaCl_{(s)} \rightarrow Na^+_{(aq)} + Cl^-_{(aq)}$

- **Électrolytes faibles**:
  - faible pourcentage de dissociation
  - conduit faiblement le courant électrique
  - la dissociation est réversible et mène à un équilibre dynamique représentée par une double flèche

  Exemple: $CH_3COOH_{(aq)} \Leftrightarrow CH_3COO^-_{(aq)} + H^+_{(aq)}$

- **Degré ou coefficient de dissociation** $(\propto)$ $= \dfrac{\text{nombre de moles dissociées}}{\text{nombre de moles initial}}$

La valeur du **degré de dissociation** est toujours comprise entre 0 et 1. La plupart du temps, cette valeur est multipliée par 100 % et donnée en **pourcentage de dissociation**.

L'eau se dissocie très faiblement en ions. Pour cette raison, l'eau, comme la plupart des liquides purs, ne conduit presque pas le courant électrique. L'ajout d'électrolytes permet le passage du courant et fait disparaître les propriétés isolantes de l'eau.

- **Équation de dissociation de l'eau**:

  $H_2O_{(l)} \Leftrightarrow H^+_{(aq)} + OH^-_{(aq)}$

- **Constante de dissociation de l'eau:**

  $K_{eau} = [H^+][OH^-]$

  À 25 °C, $K_{eau} = 10^{-14}$; la valeur de K_{eau} augmente avec la température.

  Dans l'eau pure, les concentrations d'ion H^+ et d'ion OH^- sont égales et valent 10^{-7} mol/L.

  $[H^+] = [OH^-] = 10^{-7}$ mol/L

  $K_{eau} = [H^+][OH^-] = (10^{-7})^2 = 10^{-14}$

  Dans les faits, les protons libérés par la dissociation de molécules d'eau ne demeurent pas libres en solution. Pour cette raison, on représente souvent l'ion H^+ sous la forme de l'**ion hydronium**, $H_3O^+_{(aq)}$. L'ion OH^- est appelé **ion hydroxyde**.

Exercices

23. (Obj. 2.3) Dans un laboratoire de chimie, un étudiant désire ajouter un électrolyte à une solution afin de favoriser le passage du courant.

Laquelle des quatre substances suivantes l'étudiant devrait-il utiliser?

Électrolytes	Degré de dissociation
A	$4,2 \cdot 10^{-1}$
B	$1,2 \cdot 10^{-2}$
C	$7,0 \cdot 10^{-3}$
D	$6,1 \cdot 10^{-1}$

SOLUTION

Le degré de dissociation d'un électrolyte indique sa tendance naturelle à se dissocier en solution. Sa valeur est toujours comprise entre 0 et 1. Un électrolyte fort possède un degré de dissociation s'approchant de 1.

Le passage du courant dans une solution dépend de la présence d'ions. Pour une même quantité de substance, un électrolyte fort produira plus d'ions en solution. L'étudiant devrait donc choisir la substance dont la valeur du degré de dissociation se rapproche le plus de 1.

RÉPONSE

D)

24. (Obj. 2.3) Vrai ou Faux

A) Un non-électrolyte en solution existe sous forme d'ion. _Faux_

B) Un ion est un atome ou un groupe d'atomes portant une charge négative. _Vrai_

C) Le pourcentage de dissociation d'un électrolyte dépend de sa concentration en solution.

D) Un électrolyte en solution contient toujours un nombre égal de charges positives et négatives.

E) L'ion hydronium est responsable du caractère acide d'une solution.

RÉPONSE

A) Faux; un non-électrolyte ne se dissocie pas et existe sous forme moléculaire en solution.

B) Faux; un ion est un atome ou un groupe d'atomes portant une charge négative (anion) <u>ou</u> positive (cation).

C) Faux; le pourcentage de dissociation d'un électrolyte dépend de sa structure chimique et de sa tendance naturelle à se dissocier et non de sa concentration en solution.

D) Vrai; en se dissociant, un électrolyte produit toujours un nombre égal de charges positives et négatives.

E) Vrai; le pH d'une solution est la mesure de la concentration de l'ion hydronium, H_3O^+.

LA CONSTANTE D'ACIDITÉ, K_A

Les acides et les bases participent à de nombreuses réactions et leur comportement en solution influencent l'équilibre des systèmes chimiques.

 Un acide est un électrolyte qui produit des ions H^+ en se dissociant en milieu aqueux. La force d'un acide dépend de sa **constante d'acidité ou d'ionisation (K_a)**. Cette constante exprime la tendance naturelle d'un acide à se dissocier et à produire en solution des ion H^+.

- **Équation générale de dissociation d'un acide:**

$AH_{(aq)} \Leftrightarrow H^+_{(aq)} + A^-_{(aq)}$

$$K_a = \frac{\left[H^+\right]\left[A^-\right]}{[AH]}$$

Exemple: $CH_3COOH_{(aq)} \Leftrightarrow CH_3COO^-_{(aq)} + H^+_{(aq)}$

$$K_a = \frac{\left[H^+\right]\left[CH_3COO^-\right]}{[CH_3COOH]}$$

Important!

Si on ajoute un acide fort à de l'eau pure:

- La quantité de H^+ provenant de la dissociation de l'eau est négligeable comparée à la quantité de H^+ provenant de l'acide ajouté.

- L'équilibre de la réaction de dissociation de l'eau est déplacé vers la gauche ($H_2O_{(l)} \Leftrightarrow H^+_{(aq)} + OH^-_{(aq)}$) et la concentration de OH^- va fortement diminuer.

- Les concentrations de OH^- et de H^+ peuvent varier mais la constante d'ionisation de l'eau (K_{eau}) conserve la même valeur (10^{-14} à 25 °C).

Exercices

25. (Obj. 2.5) Le vinaigre est un acide faible. Il est formé d'acide acétique en solution aqueuse ($CH_3COOH_{(aq)}$).

A) Donnez l'équation d'ionisation de l'acide acétique.

B) Si à l'équilibre la concentration en ions H^+ d'une solution d'acide acétique est de 10^{-6} mol/L, quelle est sa concentration en ions OH^-?

SOLUTION

$CH_3COOH \rightleftarrows CH_3COO^+H$

B) $[H^+] = 10^{-6}$ mol/L

$$K_{eau} = \left[H^+\right]\left[OH^-\right] \Rightarrow \left[OH^-\right] = \frac{K_{eau}}{\left[H^+\right]} = \frac{10^{-14}}{10^{-6}} = 10^{-8} \text{ mol}/L$$

Note: La valeur de K_{eau} varie légèrement en fonction de la température. Toutefois, à moins qu'une autre température soit précisée, on utilise toujours dans les exercices la valeur de K_{eau} à 25 °C, soit 10^{-14}.

RÉPONSE

A) $CH_3COOH_{(aq)} \Leftrightarrow CH_3COO^-_{(aq)} + H^+_{(aq)}$

B) 10^{-8} mol/L

26. (Obj. 2.5) Lequel des acides suivants est le plus faible?

A) H_3PO_4 ac. phosphorique $K_a = 7,1 \cdot 10^{-3}$

B) CH_3COOH ac. acétique $K_a = 1,8 \cdot 10^{-5}$

C) C_6H_5COOH ac. benzoïque $K_a = 6,6 \cdot 10^{-5}$

D) H_2CO_3 ac. carbonique $K_a = 4,4 \cdot 10^{-7}$

SOLUTION

Le K_a indique la force relative d'un acide. Plus sa valeur est élevée et plus l'acide se dissocie facilement en solution et produit des ions H^+.

RÉPONSE

D) H_2CO_3; ac. carbonique; $K_a = 4,4 \cdot 10^{-7}$

L'échelle de pH

$pH = -\log [H^+] \Rightarrow [H^+] = 10^{-pH}$

Exemple :

Une solution contient $3,2 \cdot 10^{-4}$ mol/L de H^+

$pH = -\log [H^+] = -\log 3,2 \cdot 10^{-4}$ mol/L $= 3,5$

---

27. (Obj. 2.5) On ajoute 500 mL d'eau pure à une solution acide de pH 4.

A) **Quel est le pH de la solution résultante?**

B) **Quelle est sa concentration en ions OH^-?**

C) **Quelle est la valeur de son pOH?**

SOLUTION

A) Le pH d'une solution exprime la concentration d'ions H^+ présents. Dans ce problème, cette concentration d'ions H^+ dépend des ions déjà présents dans l'eau pure et de ceux qui proviennent de la solution acide ajoutée.

- H^+ provenant de l'eau pure

  1 L d'eau pure contient $1 \cdot 10^{-7}$ mole d'ions H^+

  500 mL d'eau pure contient donc $0,5 \cdot 10^{-7}$ moles d'ion H^+

- H^+ provenant de la solution acide

  pH de la solution acide $= 4$

  $[H^+] = 10^{-pH} \Rightarrow [H^+] = 1 \cdot 10^{-4}$ mol/L

  Dans 500 mL de solution, on retrouve $0,5 \cdot 10^{-4}$ moles d'ion H^+

REMARQUE   En comparant ces deux quantités d'ions H^+, on s'aperçoit que la contribution de l'eau pure ($0,5 \cdot 10^{-7}$ moles) à la concentration finale d'ions est négligeable (1 000 fois plus petite) comparée à la

---

quantité provenant de l'ajout de solution acide $(0,5 \cdot 10^{-4}$ moles).

La concentration finale d'ions $H^+ = 0,5 \cdot 10^{-4}$ mol/L

pH $= -\log [H^+] = -\log 0,5 \cdot 10^{-4}$ mol/L $= 4,3$

B) $K_{eau} = \left[OH^- \right]\left[H^+ \right] \Rightarrow \left[OH^- \right] = \dfrac{K_{eau}}{\left[H^+ \right]}$

$$\left[OH^- \right] = \dfrac{10^{-14}}{0,5 \cdot 10^{-4}} = 2 \cdot 10^{-10} \text{ mol}/L$$

C) Le pOH d'une solution correspond à son potentiel d'ions OH^-. Le pOH se calcule de la même façon que le pH mais en utilisant la concentration molaire d'ions OH^- plutôt que celle des ions H^+.

pOH $= -\log [OH^-] = -\log (2 \cdot 10^{-10}) = -(-9,7) = 9,7$

Note: pH + pOH égale toujours 14.

RÉPONSE

A) pH = 4,3

B) $[OH^-] = 2 \cdot 10^{-10}$ mol/L

C) pOH = 9,7

28.(Obj. 2.5) Lorsque $1 \cdot 10^{-2}$ moles d'un certain acide sont ajoutées à un litre d'eau pure, le pH de l'eau atteint la valeur de 3.

À partir de ces données, vous devez trouver:

A) le coefficient de dissociation ($\propto$) de cet acide

B) son pourcentage de dissociation

Expliquez votre démarche.

SOLUTION

Le coefficient de dissociation d'un acide est le rapport entre le nombre de moles d'acide dissociées en solution et le nombre de moles total d'acide.

Coefficient de dissociation $(\propto) = \dfrac{\text{nombre de moles dissociées}}{\text{nombre de moles total}}$

Le nombre de moles total étant connu, vous n'avez qu'à trouver, à l'aide de la valeur du pH, le nombre de moles d'acide dissociées.

RÉPONSE

A) pH final de la solution = 3

$[H^+] = 10^{-pH} \Rightarrow [H^+] = 10^{-3}$ mol/L

La quantité d'ions H^+ provenant de l'eau pure de la solution est considérée négligeable comparativement à celle provenant de l'acide. Un litre d'eau pure contient 10^{-7} moles d'ions H^+, tandis que la dissociation totale de 10^{-2} moles d'acide produit jusqu'à 10 000 fois plus d'ions. On peut donc présumer que les 10^{-3} moles d'ions H^+ correspondant au pH de la solution proviennent tous de la dissociation de l'acide ajouté.

$$\text{Coefficient de dissociation } (\propto) = \frac{10^{-3} \text{ mol}}{10^{-2} \text{ mol}} = 0,1$$

B) Pourcentage de dissociation $= \propto \cdot 100\% = 0,1 \cdot 100\% = 10\%$

OXYDORÉDUCTION

3

Une pile électrochimique est un système chimique dynamique où un courant d'électrons est produit par le couplage d'une réaction d'oxydation à une réaction de réduction.

DESCRIPTION D'UNE RÉACTION D'OXYDORÉDUCTION

Une **réaction d'oxydoréduction** est une réaction spontanée et réversible, effectuée en milieu aqueux, qui comprend deux réactions partielles: une réaction d'**oxydation** et une réaction de **réduction**.

- **Réaction d'oxydation**: réaction au cours de laquelle une substance chimique perd des électrons au profit d'une autre.

  Ex. : $Na_{(s)} \rightarrow Na^+_{(aq)} + 1e^-$

- **Réaction de réduction**: réaction inverse de l'oxydation où une substance chimique reçoit des électrons.

  Ex. : $Fe^{2+}_{(aq)} + 2e^- \rightarrow Fe_{(s)}$

L'élément qui subit une oxydation est **oxydé**. Puisqu'il fournit des électrons à une autre substance qui sera **réduite**, on dit aussi que cet élément est un **réducteur**. La substance réduite est appelée aussi l'**oxydant**.

En résumé, le réducteur donne des électrons et est lui-même oxydé, tandis que l'oxydant reçoit des électrons et est réduit.

POTENTIEL D'OXYDORÉDUCTION

La tendance naturelle d'une substance à recevoir des électrons lors d'une réaction d'oxydoréduction est exprimée par une valeur nommée **potentiel normal de réduction** (E^o_{red}). Les tables réunissant les potentiels normaux de réduction sont essentielles à la réalisation des différents exercices relatifs à l'oxydoréduction et c'est à partir d'elles que vous pourrez déterminer la force électromotrice d'une pile.

Plus un élément a un potentiel de réduction élevé et plus cet élément à tendance à accepter des électrons. Ainsi, le manganèse ($E^o_{red}= -1,18$ volts) accepte plus facilement des électrons que le potassium ($E^o_{red} = -2,92$ volts). L'échelle de potentiels de réduction est construite à partir du potentiel de réduction de l'hydrogène (H_2) qui a été fixé arbitrairement à 0,00 volt. Une valeur négative indique seulement que l'élément en question a une plus faible tendance à accepter des électrons que l'hydrogène.

Table de potentiel normal de réduction, E^o_{red} (1 mol/L; 25 °C; 101 kPa)

	E^o_{red}(Volts)
$F_{2(g)} + 2e^- \rightarrow 2\,F^-_{(aq)}$	2,87
$Au^{3+}_{(aq)} + 3e^- \rightarrow Au_{(s)}$	1,50
$Cl_{2(g)} + 2e^- \rightarrow 2\,Cl^-_{(aq)}$	1,36
$Br_{2(l)} + 2e^- \rightarrow 2\,Br^-_{(aq)}$	1,06
$Ag^+_{(aq)} + 1e^- \rightarrow Ag_{(s)}$	0,80
$Fe^{3+}_{(aq)} + 1e^- \rightarrow Fe^{2+}_{(aq)}$	0,77
$I_{2(g)} + 2e^- \rightarrow 2\,I^-_{(aq)}$	0,53

	E^{o}_{red}(Volts)
$Cu^{+}_{(aq)} + 1e^{-} \rightarrow Cu_{(s)}$	0,53
$Cu^{2+}_{(aq)} + 2e^{-} \rightarrow Cu_{(s)}$	0,34
$Cu^{2+}_{(aq)} + 1e^{-} \rightarrow Cu^{+}_{(aq)}$	0,15
$Sn^{4+}_{(aq)} + 2e^{-} \rightarrow Sn^{2+}_{(aq)}$	0,15
$2\,H^{+}_{(aq)} + 2e^{-} \rightarrow H_{2(g)}$	0,00
$Pb^{2+}_{(aq)} + 2e^{-} \rightarrow Pb_{(s)}$	− 0,13
$Sn^{2+}_{(aq)} + 2e^{-} \rightarrow Sn_{(s)}$	− 0,14
$Ni^{2+}_{(aq)} + 2e^{-} \rightarrow Ni_{(s)}$	− 0,25
$Fe^{2+}_{(aq)} + 2e^{-} \rightarrow Fe_{(s)}$	− 0,44
$Zn^{2+}_{(aq)} + 2e^{-} \rightarrow Zn_{(s)}$	− 0,76
$Mn^{2+}_{(aq)} + 2e^{-} \rightarrow Mn_{(s)}$	−1,18
$Al^{3+}_{(aq)} + 3e^{-} \rightarrow Al_{(s)}$	−1,66
$Na^{+}_{(aq)} + 1e^{-} \rightarrow Na_{(s)}$	−2,71
$Ba^{2+}_{(aq)} + 2e^{-} \rightarrow Ba_{(s)}$	−2,90
$K^{+}_{(aq)} + 1e^{-} \rightarrow K_{(s)}$	−2,92
$Li^{+}_{(aq)} + 1e^{-} \rightarrow Li_{(s)}$	−3,00

DESCRIPTION D'UNE PILE ÉLECTROCHIMIQUE

Une pile électrochimique est formée de deux **demi-piles** reliées à l'extérieur de la pile par un fil conducteur et à l'intérieur de la pile par un **pont électrolytique**.

Une **demi-pile** est constituée d'une tige métallique appelée **électrode** baignant dans une solution d'un sel du même métal que celui formant l'électrode.

Exemple: Une demi-pile standard de zinc $(Zn_{(s)} - Zn^{2+}_{(aq)})$ est formée d'une tige de zinc baignant dans une solution de $ZnSO_{4(aq)}$.

Une demi-pile standard d'argent $(Ag_{(s)} - Ag^+_{(aq)})$ est formée d'une tige d'argent dans une solution de $AgNO_{3(aq)}$.

Lorsque deux demi-piles sont réunies et que le circuit est fermé, un courant d'électrons qui va de l'**anode** négative vers la **cathode** positive s'installe.

- L'**anode** est l'électrode ayant le potentiel de réduction le plus faible. C'est à cette électrode qu'a lieu la réaction d'oxydation. Au cours de la réaction d'oxydoréduction, la masse de l'anode diminue à mesure que les particules métalliques libèrent des électrons et se retrouve ionisée dans la solution aqueuse.

- La **cathode** est l'électrode qui possède le potentiel de réduction le plus élevé. La substance formant la cathode subit une réduction. Au cours de la réaction d'oxydoréduction, les ions métalliques positifs en solution se déposent sur la cathode provoquant l'augmentation de sa masse.

- Un **pont électrolytique** est une structure qui permet le passage d'ions entre les deux demi-piles et ainsi d'équilibrer les charges entre les deux solutions. Il peut être réalisé à l'aide d'une simple bande de papier filtre ou d'un tube en U contenant une solution sous forme de gel.

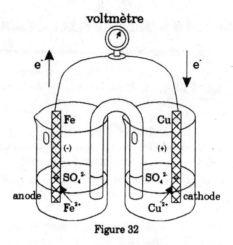

Figure 32

Selon les conventions établies, on représente une pile électrochimique en inscrivant premièrement le réducteur, suivi des ions positifs de la solution entourant l'anode. On écrit ensuite les ions positifs de la solution de la cathode, suivis de l'oxydant.

Exemple: une pile formée de cuivre et de sodium s'écrit comme suit: $2Na_{(s)} / 2Na^+_{(aq)} // Cu^{2+}_{(aq)} / Cu_{(s)}$.

On peut aussi représenter une pile en écrivant seulement le symbole du réducteur séparé par un tiret du symbole de l'oxydant.

Exemple: $Na - Cu^{2+}$

L'équation globale d'une pile est obtenue en faisant la somme de deux réactions partielles: une réaction d'oxydation et une réaction de réduction. Pour écrire l'équation globale d'une pile, vous devez premièrement identifier à l'aide des potentiels d'oxydation l'élément qui subira l'oxydation et celui qui sera réduit. L'équation partielle de la réaction d'oxydation est inversée et le signe de son potentiel est changé.

Exemple: équation globale d'une pile de cuivre et de sodium.

$Cu^{2+}_{(aq)} + 2e^- \rightarrow Cu_{(s)}$ $E^o_{red} = 0,34$

$Na^+_{(aq)} + 1e^- \rightarrow Na_{(s)}$ $E^o_{red} = -2,71$

Le sodium, ayant un potentiel de réduction plus faible, sera oxydé en présence de Cu^{2+}. L'équation de réduction du sodium est inversée et le signe de la valeur de son potentiel est changé.

$Cu^{2+}_{(aq)} + 2e^- \rightarrow Cu_{(s)}$ $\qquad E^o_{red} = 0,34$

$Na_{(s)} \rightarrow Na^+_{(aq)} + 1e^-$ $\qquad E^o_{red} = 2,71$

Le nombre d'électrons libéré par le réducteur (Na) doit égaler le nombre d'électrons absorbé par l'oxydant (Cu^{2+}). Tous les membres de l'équation d'oxydation doivent être multipliés par deux avant d'additionner les deux réactions.

$Cu^{2+} + 2e^- \rightarrow Cu$ $\qquad E^o_{red} = 0,34$ V

$2\,Na \rightarrow 2\,Na^+ + 2e^-$ $\qquad E^o_{red} = 2,71$ V

$2\,Na + Cu^{2+} \rightarrow Cu + 2\,Na^+ \quad \Delta E^o = 3,05$ V

Le symbole **ΔE^o** représente le **potentiel de la pile**. Il est aussi appelé **différence de potentiel** ou encore **force électromotrice** de la pile. Sa valeur indique la tendance de cette pile à produire un courant électrique. Un potentiel élevé indique que la pile produira un courant électrique plus élevé.

Exercices

29. (Obj. 3.1) Dans les réactions d'oxydoréduction suivantes, identifiez le réducteur, l'oxydant, l'élément oxydé et l'élément réduit.

A) $Zn^{2+}_{(aq)} + Cu_{(s)} \rightarrow Zn_{(s)} + Cu^{2+}_{(aq)}$

B) $2\,H^+_{(aq)} + Ni_{(s)} \rightarrow H_{2(g)} + Ni^{2+}_{(aq)}$

C) $Zn_{(s)} + Fe^{2+}_{(aq)} \rightarrow Zn^{2+}_{(aq)} + Fe_{(s)}$

D) $F_{2(g)} + Mn^{2+}_{(aq)} \rightarrow 2\,F^-_{(aq)} + Mn^{4+}_{(aq)}$

RÉPONSE

Réaction	Réducteur	Oxydant	Élément oxydé	Élément réduit
A	Cu	Zn^{2+}	Cu^{2+}	Zn
B	Ni	H^+	Ni^{2+}	H_2
C	Zn	Fe^{2+}	Zn^{2+}	Fe
D	Mn^{2+}	F_2	Mn^{4+}	F^-

30. (Obj. 3.1) Parmi les affirmations suivantes, laquelle ne correspond pas à l'équation d'oxydoréduction qui vous est présentée?

$$F_{2(g)} + Mn^{2+}_{(aq)} \Leftrightarrow 2\,F^-_{(aq)} + Mn^{4+}_{(aq)}$$

A) Le Mn^{2+} est un agent réducteur.

B) F^- est l'élément réduit.

C) Le Mn^{2+} est l'oxydant.

D) Le F_2 absorbe des électrons.

E) Le Mn^{2+} est oxydé.

SOLUTION

Tout se résume par la phrase suivante: l'oxydant est réduit et le réducteur est oxydé. Si cela vous paraît encore confus, prenez bien le temps de tout démêler avant d'aller plus loin.

Dans cet exercice, le Mn^{2+} est oxydé. S'il est oxydé, c'est qu'il est le réducteur et non l'oxydant.

RÉPONSE

C) Le Mn^{2+} est l'oxydant.

31. (Obj. 3.2) Parmi les substances suivantes, Al^{3+}, Ag^+, Au^{3+}, K^+, Pb^{2+}, H^+, laquelle représente:

A) le meilleur oxydant?

B) le meilleur réducteur?

SOLUTION

Vous devez utiliser vos tables de potentiels de réduction. Un potentiel élevé indique que cet élément a une forte tendance naturelle à être réduit: il est donc un bon oxydant.

Inversement, le meilleur réducteur sera celui qui aura une faible tendance à être réduit et qui possède une valeur faible de potentiel de réduction.

RÉPONSE

A) Le meilleur oxydant est Au^{3+}, car il possède le plus fort potentiel de réduction: $E^o_{red}= 1,50$ V.

B) Le meilleur réducteur est K^+, car il possède le plus faible potentiel de réduction: $E^o_{red}= -2,92$ V.

32. (Obj. 3.2) À partir d'une électrode de zinc et d'une autre électrode de votre choix, construisez une pile dont:

A) le zinc est l'oxydant

B) le zinc est le réducteur

SOLUTION

A) Pour que dans une pile le zinc soit l'oxydant, il faut qu'il soit lui-même réduit. Le zinc sera réduit s'il est couplé à une électrode qui a un potentiel de réduction moins élevé que le sien. Le potentiel de réduction du zinc est de $-0,76$ V.

B) Pour que le zinc agisse comme réducteur dans une pile, il faut qu'il soit oxydé, c'est-à-dire qu'il soit couplé à une électrode dont le potentiel de réduction est supérieur à celui du zinc.

RÉPONSE

A) $Mn_{(s)}$ / $Mn^{2+}_{(aq)}$ // $Zn^{2+}_{(aq)}$ / $Zn_{(s)}$
    $Al_{(s)}$ / $Al^{3+}_{(aq)}$ // $Zn^{2+}_{(aq)}$ / $Zn_{(s)}$
    $Na_{(s)}$ / $Na^+_{(aq)}$ // $Zn^{2+}_{(aq)}$ / $Zn_{(s)}$
    etc.

B) $Zn_{(s)}$ / $Zn^{2+}_{(aq)}$ // $Ni^{2+}_{(aq)}$ / $Ni_{(s)}$
    $Zn_{(s)}$ / $Zn^{2+}_{(aq)}$ // $Ag^+_{(aq)}$ / $Ag_{(s)}$
    $Zn_{(s)}$ / $Zn^{2+}_{(aq)}$ // $Au^{3+}_{(aq)}$ / $Au_{(s)}$
    etc.

33. (Obj. 3.3) Écrivez les équations globales des piles suivantes et donnez la valeur de leur potentiel d'oxydoréduction (ΔE^o).

A) $Na_{(s)} / Na^+_{(aq)}$ // $Zn^{2+}_{(aq)} / Zn_{(s)}$

B) $Ba_{(s)} / Ba^{2+}_{(aq)}$ // $Ag^+_{(aq)} / Ag_{(s)}$

C) $Mn_{(s)} - Sn^{2+}_{(aq)}$

D) $Ni_{(s)} - Au^{3+}_{(aq)}$

SOLUTION

Commencez par écrire les équations des réactions partielles. N'oubliez pas que les éléments à gauche des deux droites parallèles (//) ou du tiret (–) sont ceux qui sont oxydés. Balancez ensuite les équations afin que le nombre d'électrons soit le même dans les deux équations avant de les additionner.

Exemple:

A) $2\,Na_{(s)} \Leftrightarrow 2\,Na^+_{(aq)} + 2e^-$ $\qquad$ $E^o_{red} = 2{,}71$ V

$\quad\;\; Zn^{2+}_{(aq)} + 2e^- \Leftrightarrow Zn_{(s)}$ $\qquad\qquad$ $E^o_{red} = -0{,}76$ V

$\overline{}$

$\quad\;\; 2\,Na_{(s)} + Zn^{2+}_{(aq)} \Leftrightarrow 2\,Na^+_{(aq)} + Zn_{(s)}$ $\quad$ $\Delta E^o = 1{,}94$ V

RÉPONSE

A) $2\,Na_{(s)} + Zn^{2+}_{(aq)} \to 2\,Na^+_{(aq)} + Zn_{(s)}$ $\qquad$ $\Delta E^o = 1{,}94$ V

B) $Ba_{(s)} + 2\,Ag^+_{(aq)} \to Ba^{2+}_{(aq)} + 2\,Ag_{(s)}$ $\qquad$ $\Delta E^o = 3{,}70$ V

C) $Mn_{(s)} + Sn^{2+}_{(aq)} \to Mn^{2+}_{(aq)} + Sn_{(s)}$ $\qquad$ $\Delta E^o = 1{,}04$ V

D) $3\,Ni_{(s)} + 2\,Au^{3+}_{(aq)} \to 3\,Ni^{2+}_{(aq)} + 2\,Au_{(s)}$ $\;\;$ $\Delta E^o = 1{,}75$ V

34. (Obj. 3.3) Les réactions d'oxydoréduction suivantes sont-elles possibles aux conditions normales?

A) $2\,Fe^{2+}_{(aq)} + Cl_{2(g)} \to Fe^{3+}_{(aq)} + 2\,Cl^-_{(aq)}$

B) $2\,Al_{(s)} + 3\,Ba^{2+}_{(aq)} \to 2\,Al^{3+}_{(aq)} + 3\,Ba_{(s)}$

C) $Pb^{2+}_{(aq)} + Sn_{(s)} \to Pb_{(s)} + Sn^{2+}_{(aq)}$

D) $3\,Li^+_{(aq)} + Al_{(s)} \to 3\,Li_{(s)} + Al^{3+}_{(aq)}$

SOLUTION

Lorsque deux électrodes sont reliées dans une pile électrochimique, l'électrode qui a le potentiel de réduction le plus élevé recevra des électrons de celle qui a le plus faible potentiel. On dit souvent que l'électrode qui s'oxyde <u>impose ses électrons</u> à l'autre. Cette réaction s'effectue de façon spontanée et la réaction inverse ne peut se faire qu'en ajoutant de l'énergie au système.

Dans cet exercice, vous devez vérifier si la substance qui est réduite est bien celle qui possède le plus haut potentiel de réduction.

Note: Les conditions normales sont celles qui correspondent aux valeurs de vos tables de potentiels de réduction, soit des concentrations de sels de 1 mol/L, une pression de 101 kPa et une température de 25 °C.

RÉPONSE

Les réactions représentées par les équations B) et D) ne sont pas possibles aux conditions normales.

Dans l'équation B), le baryum a un potentiel de réduction plus faible que l'aluminium et devrait par conséquent être oxydé en sa présence et non réduit.

Dans l'équation D), c'est le lithium et non l'aluminium qui devrait être oxydé.

35. (Obj. 3.3) Les cinq béchers suivants contiennent tous une lame de métal baignant dans une solution aqueuse d'un sel métallique.

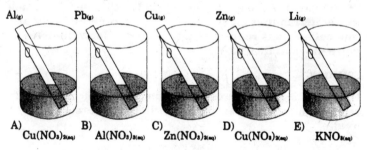

Figure 33

Dans quels béchers y aura-t-il une réaction d'oxydoréduction?

SOLUTION

Lorsqu'une lame de métal solide est mise à baigner dans une solution aqueuse, des atomes de ce métal s'oxydent et libèrent dans la solution des électrons et des ions métalliques positifs. Les sels en solution se dissocient et produisent aussi des ions métalliques.

Pour qu'il y ait réaction d'oxydoréduction, il faut que le métal solide puisse imposer ses électrons aux ions métalliques provenant des sels en solution. Ceci sera seulement possible si le métal formant la lame possède un potentiel de réduction plus faible que celui du métal contenu dans le sel. Autrement dit, il faut que la tendance à absorber des électrons soit plus forte chez les ions métalliques provenant du sel que chez ceux provenant de la lame de métal solide.

Exemple: A) Le potentiel de réduction de l'aluminium étant plus faible (Al : −1,66) que celui du cuivre (Cu : 0,53), les atomes d'aluminium solide pourront imposer leurs électrons au cuivre et une réaction d'oxydoréduction aura lieu dans le bécher A.

RÉPONSE

Une réaction d'oxydoréduction peut s'effectuer de façon spontanée dans les béchers A, D et E.

36. (Obj. 3.3) Avec quel élément de la table des potentiels de réduction doit-on coupler une électrode Ag^+ / Ag afin que celle-ci soit réduite et que la force électromotrice de cette pile soit de 0,65 V ?

SOLUTION

On obtient la force électromotrice d'une pile en calculant la différence de potentiel existant entre l'électrode réduite et celle qui est oxydée.

$$\Delta E^o = E^o_{\text{red cathode}} - E^o_{\text{red anode}}$$

REMARQUE Il s'agit en fait de la même opération que nous faisions précédemment en additionnant les potentiels de réduction et en changeant le signe du potentiel de l'électrode oxydée.

Dans cet exercice, la pile doit avoir une force électromotrice de 0,65 V. L'argent doit être réduit et forme donc la cathode. L'équation précédente nous permet de trouver le potentiel que doit posséder la substance devant former l'anode.

$\Delta E^o = E^o_{red\ Ag} - \Delta E^o_{red\ anode}$

$E^o_{red\ anode} = E^o_{red\ Ag} - \Delta E^o$

$E^o_{red\ anode} = 0,80\ V - 0,65 = 0,15\ V.$

En consultant la table de potentiels de réduction, on voit que ce potentiel correspond à celui du Cu^+ et du Sn^{2+}

RÉPONSE

Une électrode Sn^{2+}/Sn^{4+} ou Cu^+/Cu.

37. (Obj. 3.4) Un étudiant construit une pile représentée par cette équation globale:

$Zn_{(s)} + Cu^{2+}_{(aq)} \rightarrow Zn^{2+}_{(aq)} + Cu_{(s)}.$

Après un certain temps, l'étudiant se rend compte que la force électromotrice de sa pile a diminué de moitié. Expliquez en quelques mots l'origine de ce phénomène.

SOLUTION

Au fur et à mesure qu'une pile fonctionne, les concentrations initiales des différentes substances en solution se modifient. Ces concentrations influencent la force électromotrice de la pile.

Dans la pile de notre exercice, la réaction de réduction $(Cu^{2+} + 2e^- \rightarrow Cu)$ entraîne une diminution de la concentration de Cu^{2+}, tandis que la réaction d'oxydation provoque l'augmentation de la concentration de Zn^{2+}. Le principe de Le Chatelier s'applique aussi aux piles électrochimiques. Cette variation des concentrations des produits et des réactifs nuit à la réaction d'oxydation et entraîne une baisse de sa force électromotrice. Lorsque la pile atteint l'équilibre, elle cesse de fonctionner.

RÉPONSE

Une pile n'est pas éternelle; sa force électromotrice diminue avec le temps. Cette diminution est causée par la variation des concentrations des réactifs et des produits de la réaction d'oxydoréduction.

38. (Obj. 3.4) Vrai ou Faux? Dans une pile électrochimique...

A) l'oxydation se produit à la cathode.

B) les ions positifs sont attirés par la cathode.

C) les électrons circulent de l'anode vers la cathode dans le circuit extérieur.

D) le pont électrolytique permet le passage des électrons entre les demi-piles.

E) les particules métalliques formant l'anode perdent des électrons.

F) la réduction est la réaction partielle qui consiste en un gain d'électrons.

G) la masse de l'anode augmente au cours de la réaction.

H) le potentiel de réduction d'une électrode indique sa tendance à donner des électrons.

I) une pile fournissant un courant électrique est un exemple de système en équilibre.

RÉPONSE

A) Faux; l'oxydation à lieu à l'anode.

B) Vrai; les ions métalliques sont attirés par la cathode sur laquelle ils se déposent.

C) Vrai; les électrons parcourent le fil conducteur formant le circuit extérieur de l'anode négative à la cathode positive.

D) Faux; le pont électrolytique permet le passage des ions des solutions contenues dans les demi-piles.

E) Vrai; les particules métalliques de l'anode s'oxydent et libèrent des électrons.

F) Vrai; un gain d'électrons indique que l'élément réduit.

G) Faux; les particules formant l'anode s'ionisent et vont en solution. La masse de l'anode diminue au cours de la réaction d'oxydoréduction.

H) Faux; le potentiel de réduction indique la tendance d'un élément à être réduit, c'est-à-dire à recevoir des électrons.

I) Faux; une pile fonctionne jusqu'à ce qu'elle atteigne un état d'équilibre caractérisé par la stabilité des concentrations des réactifs et des produits. Lorsque cet équilibre est atteint, la pile ne produit plus de courant. On dit alors que la pile est morte.

1. Dans un cylindre, où s'effectue la réaction suivante:
2 $SO_{2(g)}$ + $O_{2(g)}$ → 2 $SO_{3(g)}$ + Énergie,
on réduit le volume tout en gardant la température
constante.
Selon le principe de Le Châtelier, quel est l'effet de ce
changement sur le système à l'équilibre?
A) La concentration de SO_3 augmente.
B) L'équilibre est déplacé vers la gauche.
C) La concentration de O_2 augmente.
D) L'équilibre n'est pas modifié.

2. Au laboratoire, un élève prépare une solution de trioxonitrate
d'argent ($AgNO_3$) dans laquelle il dépose une lame d'étain $Sn_{(s)}$.

$Sn_{(s)}$

$AgNO_{3(aq)}$

Figure 34

Les demi-réactions sont représentées par les équations suivantes:
1. $Sn_{(s)}$ → $Sn^{2+}_{(aq)}$ + $2e^-$;
2. $Ag^+_{(aq)}$ + $1e^-$ → $Ag_{(s)}$.
Identifiez l'énoncé qui est vrai.

---

* Les questions de ce prétest proviennent des examens antérieurs
de fin d'études secondaires du ministère de l'Éducation et de la
Commission scolaire Taillon.

A) L'équation (1) représente l'oxydation du $Sn_{(s)}$ et le $Sn_{(s)}$ est l'agent oxydant.

B) L'équation (1) représente la réduction du $Sn_{(s)}$ et le $Sn_{(s)}$ est l'agent réducteur.

C) L'équation (2) représente la réduction de l'ion $Ag^+_{(aq)}$ et l'ion $Ag^+_{(aq)}$ est l'agent oxydant.

D) L'équation (2) représente l'oxydation de l'ion $Ag^+_{(aq)}$ et l'ion $Ag^+_{(aq)}$ est l'agent réducteur.

3. Le chlorure d'ammonium solide, $NH_4Cl_{(s)}$, se décompose en chlorure d'hydrogène gazeux $HCl_{(g)}$ et en ammoniac gazeux, $NH_{3(g)}$; selon l'équation suivante:

$NH_4Cl_{(s)}$ + énergie $\Leftrightarrow NH_{3(g)} + HCl_{(g)}$.

Quelles sont les conditions expérimentales qui peuvent favoriser la formation de l'ammoniac, $NH_{3(g)}$?

A) Augmenter la température et la pression.

B) Augmenter la température et diminuer la pression.

C) Diminuer la température et augmenter la pression.

D) Diminuer la température et la pression.

4. Après avoir analysé deux échantillons d'acides (X) et (Y), on trouve les résultats suivants.

Acides	K_a	Conductibilité électrique
(X)	$1,4 \cdot 10^4$	faible
(Y)	$2,6 \cdot 10^{-5}$	grande

On peut alors conclure que:

A) l'acide (X) est un acide fort, dilué, contenant surtout des molécules en solution.

B) l'acide (Y) est un acide faible, concentré, contenant des ions et des molécules en solution.

C) l'acide (Y) est un acide faible, dilué, contenant des ions et des molécules en solution.

D) l'acide (X) est un acide faible, concentré, contenant surtout des ions en solution.

5. Le schéma ci-dessous illustre la pile électrochimique suivante: $Al_{(s)} / Al^{3+}_{(aq)} // Co^{2+}_{(aq)} / Co_{(s)}$.

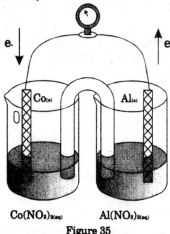

Co(NO₃)₂(aq)   Al(NO₃)₃(aq)

Figure 35

Parmi les affirmations suivantes, laquelle est vraie?

A) $Co^{2+}_{(aq)} + 2e^- \rightarrow Co_{(s)}$ représente la réaction de réduction.

B) $Co^{2+}_{(aq)}$ est l'agent réducteur.

C) $Co_{(s)}$ est l'électrode qui subit une diminution de masse.

D) $Co_{(s)}$ est l'anode.

6. Au laboratoire, vous devez vérifier si l'aluminium, $Al_{(s)}$, le cuivre, $Cu_{(s)}$, le nickel, $Ni_{(s)}$, et le zinc, $Zn_{(s)}$, réagissent au contact de chacune des solutions suivantes: $Al(NO_3)_{3(aq)}$, $Cu(NO_3)_{2(aq)}$, $Zn(NO_3)_{2(aq)}$ et $Ni(NO_3)_{2(aq)}$.

Le tableau ci-dessous présente le résumé de vos observations.

	$Al_{(s)}$	$Cu_{(s)}$	$Ni_{(s)}$	$Zn_{(s)}$
$Al(NO_3)_{3(aq)}$	Non	Non	Non	Non
$Cu(NO_3)_{2(aq)}$	Oui	Non	Oui	Oui
$Zn(NO_3)_{2(aq)}$	Oui	Non	Non	Non
$Ni(NO_3)_{2(aq)}$	Oui	Non	Non	Oui

D'après ce tableau, comment classeriez-vous les métaux mentionnés si vous les placiez en ordre croissant de potentiel de réduction?

A) $Cu_{(s)}$, $Ni_{(s)}$, $Zn_{(s)}$ et $Al_{(s)}$

B) $Al_{(s)}$, $Cu_{(s)}$, $Ni_{(s)}$ et $Zn_{(s)}$

C) $Zn_{(s)}$, $Ni_{(s)}$, $Cu_{(s)}$ et $Al_{(s)}$

D) $Al_{(s)}$, $Zn_{(s)}$, $Ni_{(s)}$ et $Cu_{(s)}$.

7. L'équation ci-dessous correspond à la dissociation de l'acide acétique, $CH_3COOH_{(aq)}$.

$$CH_3COOH_{(aq)} \Leftrightarrow H^+_{(aq)} + CH_3COO^-_{(aq)}$$

À une température donnée, la concentration à l'équilibre de $H^+_{(aq)}$ est de $1,34 \cdot 10^{-3}$ mol/L et celle de $CH_3COOH_{(aq)}$, de $1,0 \cdot 10^{-1}$ mol/L.

Quelle est la valeur de la constante de dissociation de l'acide acétique à cette température?

A) $1,8 \cdot 10^{-5}$ C) $7,4 \cdot 10^1$

B) $1,4 \cdot 10^{-2}$ D) $5,5 \cdot 10^4$

8. La découverte de la «loi de l'équilibre chimique» fut à l'origine de l'étude quantitative des réactions chimiques.

À partir de cette loi, établissez une relation mathématique qui permet de calculer la constante d'équilibre à partir des concentrations des substances impliquées dans la réaction chimique en équilibre ci-dessous, sachant qu'elle se fait à température constante.

Réaction: $4 HCl_{(g)} + O_{(s)} \Leftrightarrow 2 H_2O_{(l)} + 2 Cl_{2(g)}$

9. Soit le système en équilibre suivant:

4 $HCl_{(g)}$ + $O_{2(g)}$ ⇔ 2$H_2O_{(g)}$ + 2 $Cl_{2(g)}$ + 113kJ.

Si on veut favoriser la production du HCl, allons-nous travailler à haute ou à basse température et pression?

10. Soit le système suivant à l'équilibre:

2 $NH_{3(g)}$ + 3 $Cl_{2(g)}$ ⇔ 6 $HCl_{(g)}$ + $N_{2(g)}$ ΔH = –462 kJ.

Pour favoriser la formation de HCl, un chimiste décide d'appliquer les facteurs de changements suivants:

- fortes concentrations des réactifs
- basse température
- haute pression

Une de ces décisions s'oppose à la formation du HCl. Quelle est cette mauvaise décision?

SOLUTIONS DES PRÉTESTS

MODULE II

1. C)   2. B)   3. A)   4. B)   5. A)

6. C)   7. B)   8. 64 g

9. La pression finale sera six fois plus forte.

10. Le nombre de moles de CH_4 étant deux fois plus élevé que le nombre de moles d'O_2, la pression de CH_4 sera deux fois plus élevée, soit 500 kPa.

11. 6,0 g

MODULE III

1. D)   2. A)   3. B)   4. D)   5. D)

6. A)   7. D)   8. A)   9. 26,0 kJ   10. 46,2 °C

11. 1130 kJ

MODULE IV

1. D)   2. B)   3. C)   4. C)   5. D)

6. B)   7. A)   8. 0,85 mL/s

MODULE V

1. A)   2. C)   3. B)   4. B)   5. A)

6. D)   7. A)

8. $K_C = \dfrac{[Cl_2]^2}{[HCl]^4}$

9. Haute température et basse pression

10. Basse pression

DANS LA MÊME COLLECTION